PICROSS GRIDDLERS NONOGRAMS HANJIE BOOK

Japanese Crossword Picture Logic Puzzles

DJAP

Picross Griddlers Nonograms Hanjie book

© 2020 by Djape and www.djape.net

All rights reserved.

No part of this book may be reproduced, stored in a retrieval system, or transmitted in any form or by any means (including electronic, mechanical, photocopying, recording, translating into another language, or otherwise) without prior written permission from the author.

Puzzles and text by DJAPE

First edition: June 2020

ISBN 979-8-65447-555-8

Picross Griddlers Nonograms Hanjie book

Welcome to another book full of picture logic puzzles which are known under many different names. Whatever you call them, they reward you with a nice image when you finish a puzzle. And they are so much fun to solve!

Instructions and rules:

1. You start with an empty grid and for each cell in the grid you must decide (using logic and not guessing!) whether to leave it empty or paint it with your pen or pencil.
2. Cells which you logically come to conclusion and decide to paint, we'll call them "**black**".
3. For cells which you conclude that must remain empty, I suggest to put a dot (".") in it or somehow mark it as a definite "empty". We'll call these cells "**white**".
4. **The clues** tell you how many patches of **black cells** there are in the corresponding row or column and how many cells there are in each patch. For example a clue "**4.3**" means that there are **two patches** of black cells, first one with **4 black cells** and the other one with **3 black cells**.
5. There **must be at least one white cell between** two black patches. In other words, "4 3" **cannot** be 1 patch of 4+3=7 black cells.
6. Each row or column can **start or end with any number of white cells, including 0**.
7. When you solve a puzzle, the black cells will magically form a nice image!
8. Difficulty levels are EASY-COOL-**THINKER-BRAIN-IQ-INSANE**, but there are no EASY and COOL puzzles in this book!

How to solve?
Solving **nonograms** requires you to count cells and apply some logic.
Remember: if a cell cannot be white, it must be black; and vice versa. It is surprisingly easy to forget this dichotomy!

To start solving a puzzle, you must apply the **'UNCERTAIN CELLS'** solving technique, which you use to paint some cells BLACK.

Picross Griddlers Nonograms Hanjie book by DJAPE - page 4 -

Example 1: Think about this simple example: one patch of 8 cells in a row/column of 10 cells. This means 8 out of 10 cells must be black. We don't know where the 8 patch starts, but we know that it must cover at least some cells in the middle. There are 10-8=2 '**UNCERTAIN**' cells (I'll label them "**UC**"). The uncertain cells are at the start and/or at the end of the row (column). So, we start with those 2 uncertain cells, and then paint 8 (the clue) - 2 (the number of UCs) = 6 cells. That's it! You've started solving a puzzle!

Example 2: "4.3" in a row/column of 10 cells. So, 4+3=7 cells are certainly black with certainly 1 (or more) white cell between them. This is 8 certain cells, leaving **2 UC** which could go anywhere. To start solving this row, skip those 2 uncertain cells, **then paint 4-2(UC)=2 black**, **skip 1 one for the white**, skip 2 for the 2 uncertain cells and **paint 3-2(UC)=1 black.**

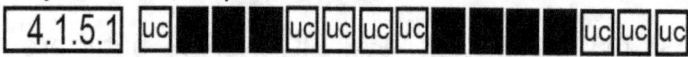

Example 3: "4.1.5.1" in a row/column of 15 cells. There are **4+1+5+1 =11** cells that are black. There are 3 white cells, one between each black group.
All in all, there are **11+3=14 certain cells, leaving just 1 uncertain cell UC**.
To solve, we start with 1 uncertain cell, then paint 4-1 UC=3 black.
Skip 1 for the white, **skip 1 for the uncertain**.
Next, **1-1 UC=0**, so we can't paint anything! But we continue...
Next, **skip 1 for the white**, skip 1 uncertain.
Next, **5-1=4, so paint 4 blacks**.
Skip 1 white, skip 1 uncertain. 1-1 UC=0. Done.

This last example shows you that you can paint black cells **only when the black patch is GREATER than the number of uncertain cells**. If it is equal or smaller, you **do not "paint"** anything but you **do "skip"** nonetheless!
I challenge you to try to fill a row of 15 cells with "4.1.5.1" clue any way possible. You'll see that the cells I painted in the above example will also be painted in every single possible solution you come up with!

A more advanced solving technique called **"Cornering"** lets you mark some cells as **certain whites**. Let me explain using a new example...

Example 4: Here is an example as a part of a puzzle. Focus on the upper left corner.

					2		1			2	2		2	3	2	2	1	1	3	
		2	2	2	1	2	2	2	2	2	2	2	1	2	1	2	2	2	2	
	2	1	5	4	1	1	1	2	2	1	3	3	1	1	1	3	3	1	8	10
4	↓	↓	↓	↓																
2.2																				

The "4" block in the **first row** could start almost anywhere. **Ask yourself this question:** could the **first cell in row 1** be black? If it were black, then the first four cells in row 1 would all be black. What happens in row 1 affects row 2. Notice that the first clues for the first few **columns** are all greater than 1 (several 2s at the top of the puzzle). Therefore, if the "4" patch started in the first cell of row 1, the "2" clues from first 4 columns would all extend to row 2. Now, in row 2 there is only "2.2" which means there can't be a patch of 3 or more black cells in it! Therefore, we conclude that **R1C1 (row 1, column 1) can't be black, so it must be white** and we mark it accordingly. We can continue using this logic. See if you can determine why all of the first four cells in the first row must be white and why **you can't tell the same** for cell 5 of row 1.

The **cornering** technique can potentially be applied when the first clue of the first (last) row/column is greater than the first (last) clue of the second row/column. You have to be careful and take into account the corresponding clues in the perpendicular columns/rows, to make sure that they lead to a contradiction.

This logic can be extended to even **more rows/columns**:

If the **first clue in row 1** is greater than the first clue in **row 3 (regardless of what's in row 2)**, and first several clues in first few columns are all **at least 3**, then for the same reason as before, cell 1 in row 1 **cannot be black!**

	2	1	2
3			
5			

In **Example 5**, the cornering technique is applied in a different way. The main clue here is the "1" in column 2. If the "3" patch started in cell 1 of row 1, the "2" in column 1 would kick off the "5" in row 2, but the "1" in column 2 would stop the "5" right in its tracks, because there must be a white cell right after the "1"! Got it?

Therefore, **R1C1 (row 1 column 1) MUST BE WHITE**, so put a dot in there!

In this **advanced example 6**, only the top 8 rows are shown. All the key clues are circled. Some cells are solved based on the whole puzzle.

Now what? Focus on the rows 2 and 7, those with arrows in them, starting both with the clue 3. I claim this: **R2C3 and R2C4 must be dots**! Why? **Look at the arrows**. If R2C3 (start of the first arrow) were black, the 3 in row 2 would extend to column 5. Similarly, the 3 in row 7 would extend to column 5. If that were the case, because of the 9 in column 4 and all those circled 1s in rows 1, 3, 6 and 8, there would be two 1s in column 5! **Contradiction**! Hence, **R2C3 must be a dot**. Take your time and analyze this until you understand it.

One more **partial example 7 for you to practice**. Some dots have been placed based on other parts of the puzzle. Your task is to figure out what those "?"s can or cannot be and why!

Take your time to study these examples. They will help you with this book!

Some puzzles in this book are marked with "**landscape**". Once you've solved such a puzzle, look at that particular solution in landscape orientation.

Ready? Have fun and enjoy!

DJAPE

1. THINKER (landscape)

10x15

	3,2,2	3,2,2,2	5,2	2,2	2,3	2,3,2	2,2,6	2,2,1,1,1	2,2,1,1	5,1,1
1										
1,2										
1,3										
2,2,1										
1,1,2,2										
6,2										
4,2										
1,2										
2,1										
2,2										
1,2,3										
4,1,1										
2,1,3										
1,3,1										
3										

2. THINKER (landscape)
10x15

	3	1 1 1 1 1	1 1 2 2 1 1	1 1 1 1 1 1 1	1 1 1 1 1 1 1	2 1 5 1 2	2 2	2 1 1 1 1 2	1 1 1	9
3										
1.2										
1.2.2										
1.1.3										
2.1										
2.1.1.1										
1.1.2.1										
2.1.1.1.1										
1.1.2.1										
2.1.1.1										
2.1										
1.1.3										
1.2.2										
1.2										
3										

3. BRAIN
10x15

	3,2	1,1,1,2	13	1,1,1,1	1,1,1,1	3,2,2	2	7	1	1
1										
1,2										
1,1										
1,1										
3										
2										
1,3										
3,1,1										
1,1,1,2										
4,1,1										
1,1										
1,1										
1,1,1										
3,3										
1,2										

4. BRAIN

15x15

	4 2	3 4	1 2	2 3 1	1 5 1	1 2 2 1	1 1 1 1 1	1 2 1 1	2 1 1	2 3 2	1 3 2	8 2	1 8	4	1 2
1.1															
1.1															
3															
1.2															
4															
6.2															
3.2.2															
1.4															
2.3.3															
1.3.1.2.1															
1.2.2.1.1															
2.3.1.2															
1.5.2															
3.2															
10															

5. BRAIN
15x15

	4	6	8	3,4	1,6	3,4	6	4	3,1	5,1,1	3,1,1,1,1	3,1,1,1,1	5,1	3,1	4
2															
2															
2															
1,1															
4															
1,1															
4															
4,2,2															
3,2,1,1															
9,2															
3,1,2,1															
8,1															
8,4,1															
6,1,1															
4,4															

6. BRAIN
15x15

	1	1/1/1/1	2/3/2	4/1/1/4	1/1/1/1/1	9	2/1/1/1/2	1/5/5/1	2/1/1/1/2	9	1/1/1/1/1	4/1/4	2/3/2	1/1/1/1	1
1															
1.1.1.1															
2.3.2															
4.1.4															
1.1.3.1															
9															
2.1.1.1.2															
1.5.5.1															
2.1.1.1.2															
9															
1.1.1.1.1															
4.1.4															
2.3.2															
1.1.1.1															
1															

7. BRAIN
15x15

	2	2/4	5/2/2	1/1/1/2/1	1/1/1/2/1	5/2/2	1/2/4	1/2	3/5	7	3/2	3/1/2/1/1	5/4/1/1	2/1/1/3/2	3
1															
3															
3															
7.2															
1.1.1.2															
1.1.2															
1.1.1.3															
6.1.1															
2.8															
1.4.8															
2.2.3.2															
1.2.1.2.2.1															
1.2.1.1.1.1															
2.2.1.1															
4.2															

8. IQ
15x15

	2/1	1/1/1/4	2/1/3/2	3/1/1/1	1/1/1/4	3/3/5	1/12	1/4	7/3	5/2/1	3/4	2/1	1/4/1	4/3	4
1.2															
3.5															
2.2.4.2															
1.1.1.3.2															
1.1.2.3															
1.4.1.1															
1.1.2.1.1															
1.1.2.1.2															
7.2.1															
1.2.2.1															
1.4.1.1															
1.5.2															
2.7															
3.3															
3															

9. BRAIN
15x15

	11	3/2	1/2/2/2	1/2/2	1	11	1/1/1/1	1/1/2/2/1	1/1/2/2/1	1/1/1/1/3/1	1/1/1/1	2/1/2/2/1	2/1/2/2/1	3/1	11
11															
2.2															
3.2.2.2															
1.2.2															
1.12															
1.1.1															
1.1.2.2.1															
1.1.1.2.2.1															
1.1.1.1.1															
1.1.3.1															
1.1.1.1															
2.1.2.2.1															
2.1.2.2.1															
3.1															
11															

10. IQ

15x15

	2,1,7	1,1,2,3,2	1,1,2,3,1	3,2,2,1	1,2,2,1	8,3	1,1,3	2,6	2,2,3	2,3	2,1,2	2,2,2,1	1,3,2,2	4,2,2
2.2														
1.1.1.3														
1.2.1														
4.1.2.1														
1.1.2.2														
2.1.2.1														
2.4.2														
2.3.1														
1.1.2.1.1														
1.3.3.2														
1.1.2.1.2														
1.2.8														
1.2.6.1														
2.6.2														
3.2														

11. INSANE

15x15

	4.2	2.1.3	2.4.2	3.2.2.2	1.1.4.1	1.2.3.1.1	1.3.1.1	1.2.2.1	1.3.1.1	1.2.3.1.1	1.1.4.1	3.2.2.2	2.4.2	2.1.3	4.2
3.3															
4.5.4															
1.2.2.1															
2.1.1.2															
1.3.3.1															
2.1.1.2															
1.3.3.1															
11															
4.1.4															
1.1.1.1															
2.1.2															
1.1.1.1.1															
2.1.1.2															
2.2															
9															

12. INSANE

15x15

	4 3 3	4 3 2	6 2 2	3 2 2	2 1 3 2	1 1 1 2 2	1 1 1 4 1	1 1 1 2 1	1 8 1 1	3 1 2 2 1	6 2 2	3 2 2	3 2 2	2 4
2														
4.3														
14														
5.5														
1.1.1.2														
2.3.4														
1.1.1.1.2														
2.2.2.2														
1.4.2														
2.2.1.1.1														
2.6.1														
2.4.2														
2.1.2														
3.2														
7														

13. BRAIN

15x15

	2.1.1.1	4.1.1.1	4.5	4.8	2.1.8	6.3	4.2	5.2	4.2	6.3	1.8	8	3.5	5.1.1.1	1.1.1.1.1
1.1															
2.2															
5.1															
3.3															
1.1.1.2															
2.1.1.4															
3.3.1															
9															
13															
1.11.1															
13															
1.3.1.3.1															
5.5															
1.7.1															
5															

14. THINKER

15x15

	1.1	3.3.2	11	2.3	2.1.4	3.3.2.2	2.1.5.2	6.6	2.1.3.2	3.2.3.3	4.6	2.3	11	3.3.2	1.1
3															
5															
1.1.1															
2.7.2															
4.1.4															
3.2.5															
1.2.3.1															
2.3.1.2															
2.2.3.2															
2.2.2.2															
4.1.4															
4.1.3															
3.1.4															
2.7.2															
3.5.3															

15. INSANE (landscape)

15x25

	5	2 1	1 3	4	2 2	2 2	2 1 1 6	12 1 1 2	2 1 1 4 2	1 8 1	2 3 1 3 1	2 2 2 1 2 2 2	4 1 10 1 3	2 2 2 2	3 3
4															
2.3															
1.1															
1.1															
1.3															
1.2.2															
1.1.1.1															
1.2.2															
1.3															
4.1															
3.1.1															
2.1.1.1															
1.4.1															
1.1															
2.1															
7															
2.1															
3.3															
1.2.2															
6.1.1.1															
2.4.2.2															
1.1.1.3															
1.2.2.1															
1.1.2.2															
3.4															

16. BRAIN

15x25

Column clues:

1	2	3	4	5	6	7	8	9	10	11	12	13	14	15
								3						
							2	1						
							3	1	1					
					16	17	4	2	3					
		3	2	3	3	3	6	5	11	1				
2	4	2	2	4	2	1	1	1	2	9	6	6	4	2

Row clues:

Row	Clue
1	2
2	4
3	2.2
4	4
5	3
6	5
7	2.2
8	5
9	3
10	3
11	4
12	2.2
13	2.1
14	2.1
15	2.1
16	4.2
17	7
18	3.6
19	3.8
20	3.10
21	2.11
22	5.5
23	3.3
24	2.2
25	5

17. INSANE

15x25

	2	1,2	3,2	5,2,1	7,1,2,1	3,5,3,1,3	1,3,2,2,3,1	1,1,2,2,6	2,1,1,3,5	3,2,3,2	2,2,3,3	2,2,7	2,2,5	6,2	11
4															
1.2															
2.2															
6															
2.2															
1.2															
6.1															
3.3.2															
2.4															
1.3															
1.2															
2.1															
5.1															
6.1															
2.3.1															
1.3.1															
1.3.1															
4.4															
2.2.3															
1.3.2															
3.2.3															
1.2.5															
2.2.4															
2.4															
4															

18. BRAIN (landscape)

15x25

	3,14	2,5,5	2,2,1,1,2	2,1,2,5,1,1	2,1,2,3,2,1,1	1,1,2,4,1,1	1,1,1,4,2,1,1	1,2,1,2,6,3	2,1,1,4,2	3,2,4,2	2,2,2	3,3,3,2	5,2,3	3,1,1,5	2,4
2.2.3.3															
2.2.2.4															
1.1.3															
6.2															
2.3.1.1															
1.2.1															
2.2.2															
2.1.1															
3.3															
1.2.2.2															
1.2.2.1															
1.6.1															
1.2.1															
1.2.1.2															
1.3.1.1															
1.2.1.1.2															
1.1.1.2															
1.1.2.2															
1.3.2															
9															
1.4															
3.1															
1.5															
2.1															
6															

19. BRAIN (landscape)

15x25

Column clues (left to right, 15 columns):
1. 2, 1
2. 12
3. 10
4. 1, 2, 3, 1
5. 1, 1, 3, 3
6. 1, 1, 2, 2, 2
7. 1, 1, 1, 2, 2
8. 1, 1, 2, 1, 3, 3
9. 1, 1, 1, 1, 3, 1
10. 6, 1, 2, 1, 1, 1, 1, 1, 1
11. 2, 4, 1, 1, 1, 1, 1, 1, 1
12. 1, 1, 1, 1, 1, 1, 1, 1, 1, 4
13. 1, 15, 1
14. 2, 2
15. 23

Row clues (top to bottom, 25 rows):
1. 4
2. 2.2
3. 1.1
4. 1.1
5. 1.1
6. 1.1
7. 2.1
8. 3.1
9. 2.1.1
10. 1.3.1
11. 1.1.1.1
12. 1.5.1
13. 1.1.1.1.1
14. 2.1.7.1
15. 1.1.1.1.1
16. 2.9.1
17. 3.1.1
18. 12.1
19. 2.4.1.1
20. 4.6.1
21. 3.1.1.1
22. 4.6.1
23. 2.4.1.1
24. 11.2
25. 3.3

20. THINKER

15x25

	5	3,4	3,9	2,7,5	2,2,3,3	2,2,3	2,2,3,2,6,1	2,2,5,6,1	2,2,2,4,8	2,6,2,7	2,6,2	2,4,4	3,2,5	3,5	4
11															
13															
3.2															
2.7.2															
1.9.1															
1.2.4.1															
4.7															
4.4.1															
4.2.1															
4.1															
2.2.2															
1.4.1															
1.4.1															
2.3.1															
1.1.2															
1.1															
1.3.1															
2.3.1															
1.5															
1.5															
1.3															
1.3															
1.2															
1.1															
1															

21. BRAIN (landscape)

15x25

Column clues (left to right):
1. 16, 2
2. 2, 2, 1, 1, 2, 2, 2
3. 2, 2, 4, 2, 2, 1
4. 2, 3, 2, 3, 2
5. 22
6. 2, 2, 2, 2, 2, 2
7. 2, 2, 2, 2, 2, 1
8. 2, 1, 2, 2, 1, 2
9. 2, 2, 2, 2, 2
10. 2, 1, 2, 1, 2, 2
11. 3, 2, 3, 3
12. 8
13. 6
14. 4
15. 2

Row clues (top to bottom):
1. 2
2. 4
3. 2.3
4. 2.1.2
5. 1.2.2
6. 1.4.2
7. 7.2
8. 2.1.3.2
9. 1.1.5
10. 3.1.3
11. 1.13
12. 1.13
13. 3.1.3
14. 1.1.5
15. 2.1.3.2
16. 7.2
17. 1.4.2
18. 1.2.2
19. 2.1.2
20. 2.3
21. 4.1
22. 1.2.2
23. 1.1
24. 1.1.1
25. 2.2

22. BRAIN (landscape)

15x25

Column clues (left to right):
1. 5
2. 2
3. 5, 10
4. 6, 7
5. 2, 10
6. 4, 9, 1, 1, 1, 1
7. 1, 3, 4, 1, 1, 2
8. 1, 2, 5
9. 4, 3
10. 6, 1, 2, 7
11. 2, 2, 2, 2, 3, 2
12. 1, 2, 1, 1, 3, 1, 2, 1
13. 1, 2, 1, 1, 1, 2, 2, 1
14. 2, 2, 2, 2
15. 4, 4

Row clues (top to bottom):
1. 4
2. 1.2.2
3. 1.1.2.1
4. 2.1.1.2.1
5. 9.2
6. 3.6
7. 2.3
8. 2.3
9. 1.2.2
10. 2.1
11. 1.1
12. 1.2
13. 2.1.1.1
14. 2.2.1.1
15. 2.2.2
16. 8
17. 7
18. 1.3.2
19. 1.4.2
20. 1.1.1.2.5
21. 3.2.1.2.2
22. 3.1.2.1.2.1
23. 2.1.1.2.1
24. 1.2.2.2
25. 3.4

23. THINKER (landscape)

15x25

	7	3.3	2.5.2	1.5.1	2.5.2	1.3.3.3.1	1.4.1.4.1	2.11.1	1.4.1.4.1	2.3.3.3.1	1.3.5.2	2.4.5.1	3.6.5.2	3.4.3.3	7.7
3															
3															
3															
2															
1															
1															
2															
3															
4															
7															
9															
3.3															
2.5.2															
1.5.1															
2.5.2															
1.3.3.3.1															
1.4.1.4.1															
1.11.1															
1.4.1.4.1															
1.3.3.3.1															
2.5.2															
1.5.1															
2.5.2															
3.3															
7															

24. BRAIN (landscape)

15x25

	2 2 2	2 2 2	1 1 1	3 3 3	18	1 3 3 3 1	3 2 4 1 1	7 1 6	2 4 1 1	2 2	5 2	20	4 14 3	5 4	21
2															
2															
3															
4															
3.1.2															
1.6.1															
10.1															
5.1.3.1															
2.5.3.1															
1.1.2.3.1															
1.2.2.1															
3.2.2.1															
5.1.2.1															
2.6.2.1															
1.1.1.2.1															
1.1.2.1															
5.2.1															
5.2.2.1															
2.3.1.2.1															
1.1.2.4.1															
1.5.1															
4.1.2															
4															
2															
2															

25. BRAIN (landscape)

15x25

	7.3.3	2.2.2.5	2.2.3.1	1.9	2.2.2.4	1.2.1.1	5.1	3.4.4	6.1.9.6	1.4.1.1.1.1.1.3.2	2.5.1.1.1.3.2	2.11.3	3.7.2	4.2	12
3															
1.2															
2.2															
4.1															
4.2															
3.3.1															
3.2.2.1															
2.3.2.2															
2.1.3.1															
1.2.3.1															
1.2.2.1															
1.1.3.1															
1.2.2.1															
1.1.3.1															
2.2.2.1															
2.1.3.1															
2.3.1.1															
3.2.2.1															
1.6.2.2															
4.4.2															
6.2.2															
1.2.1.1															
6.1.2															
2.2.3															
1.1.2															

26. INSANE

(landscape)

15x25

	9	2,8	5,5	2,2,2,4,2	2,5,1,4,2	1,2,1,1,2,1,3,4,1	1,5,3,3,3,5,1	3,3,1,2,6	5,4	4,2,2,3	2,5,2	9,9	2,3,2	2,2	5,5
4															
2.3															
1.5															
2.4															
6.1.1															
2.3.1.1															
6.1.2															
2.1.4															
5.1.2.1															
1.2.3.1.1															
3.1.3															
2.3															
2.1.1															
2.1.3															
3.4.3															
3.2.1.1															
4.2.2.1															
4.4															
5.1.2															
5.1.1															
5.1.1															
7															
1.5															
2.3															
4															

27. BRAIN (landscape)

15x25

	4/2	7/6	8/2/1/2	1/3/2/2/2/2	4/2/3/2/2	5/4/2/4	3/2/2/6	1/2/3/6	2/2/3/5	2/2/2/4	2/2/9	2/2/1/5	5/2/3	13	6/3
3															
2															
6.3															
7.5															
9.2															
3.3.2															
2.1.7															
2.8															
2.2.2															
3.2															
1.2.2															
2.2.3															
5.3.2															
5.2.2.2															
2.2.5															
3.2.5															
1.1.2.5															
2.2.4															
3.4															
1.4															
3															
4															
3															
4															
3															

28. THINKER

15x25

	1	2,8,1	3,2,2,2	3,2,4,2,3	3,2,1,1,2,4	1,4,1,4,1,6	2,2,1,1,1,1,5	3,1,1,1,3,1,5	6,1,1,2,1,1,2	7,1,1,1,1,1,3,1	5,1,1,1,4,1,1,2	4,2,1,1,2,2	3,2,2,4,2,2	2,2,2,1	1,8
3.10															
3.8															
3.6															
3.4															
3.3															
5															
2.3															
2.2															
2.4.2															
2.1.1.2															
1.1.4.1.1															
1.1.1.1.1.1.1															
1.1.1.1.2.1.1															
1.1.1.1.1.1.1															
1.1.1.1.1.1.1															
1.1.1.2.1.1															
2.1.1.1.2															
2.1.2.2															
2.2															
2.3															
5															
4.2															
5.2															
7.2															
9.2															

29. BRAIN (landscape)

15x25

	9	8/4	3/1/3/3	3/4/2/2/3	3/1/1/2/3/5	5/2/2/3/3	1/5/2/2/3/2/2	4/2/2/2/1/2/1	2/13/1/3	3/1/1/3/2	10/7	2/2	3/9/3	1/1/1/1	4/5
5															
2.4															
3.1.3															
7.3															
3.2.3.1															
2.1.3.1.3															
2.1.3.1.1															
2.4.3.1.1															
2.1.1.1.1.3															
5.3.1.1															
2.1.5.1															
4.1.2.1															
1.8.1															
3.1.1.1.1															
2.6.1															
3.1.2.3															
2.3.1															
3.1.2.1															
3.3.1															
3.1.1.3															
3.1															
3.1															
1.1															
3															
2															

30. BRAIN
15x25

	5.1.1.1	2.4.1.1	1.11.1.1.1	10.2.1.3	6.3.3.1	2.2.2.2.3	6.5.1.1	1.1.4.2.3	11.3.1	1.4.2.2.2.3	5.3.2.1	5.2.5	1.10.2.2	4.2.5	1.1.4.2
2															
1															
3.1.1															
4.1															
1.3.3															
5.2															
10.1.1															
10.1															
4.3.3															
3.3.3															
1.1.2.2.3															
6.5															
1.3.2.3															
5.3															
2.2.2															
5.3															
1.5.2.1															
4.5.1															
1.1.2.2															
4															
4															
2.2															
2.3.5															
2.3.3.2															
2.3.2															

31. BRAIN (landscape)

15x25

	8.1.2.3	1.1.1.1.2.2	1.2.1.1.1.2.1	14.1	5.2.1.1	1.1.1.2.1	5.1.1.1.1.2.1	15.1.2	2.2.2.3.3	13.7	2.1.1.1.2.5	1.3.3.3.1.1.3	2.1.1.1.1.2	13
5														
1.3														
2.3.3														
5.3.2.2														
1.6.1.1.1														
4.1.8														
1.9.1.1														
1.3.2.1.1														
1.2.4.1.1.1														
1.1.1.2.5														
4.4.1.1.1														
1.1.2.1.1														
1.6.1.1														
2.1.8														
1.1.4.1.1.1														
1.5.2.2														
2.3														
2.2														
1.2														
3														
3														
3														
1.4														
2.4														
11														

32. BRAIN (landscape)
15x25

Rows \ Cols	3,3	4,2,1,4	2,1,4,1,2	5,3,3,5	2,4,1,4,2	2,2,4,2,3	3,3,2,3,3,2	1,2,1,2,1,1,2	1,4,1,2,1,1,6,2	6,1,1,6,2	2,4,1,1,4,2	2,4,2,4,2	2,10,2	3,3,3,3	3,2,3
2.1.1															
5.3															
1.1.1.2															
2.2.2.2															
5.4.1															
1.2.5.2															
1.1.1.5.1															
5.1.5															
1.1.3.3															
1.4.2.2															
2.4.2.1															
2.4.2.1															
1.4.2.2															
1.1.3.3															
5.1.5															
1.1.1.5.1															
1.2.5.2															
5.4.1															
2.2.2.2															
1.1.1.2															
5.3															
2.1.1															
2.1															
4															
2															

33. BRAIN (landscape)

20x30

Column clues (left to right, top to bottom):

1	2	3	4	5	6	7	8	9	10	11	12	13	14	15	16	17	18	19	20
3.3	2.6.2	5.5	3.2.1.3	3.1.1.3	3.3.3.3	2.2.2.2	2.1.1.2	3.2.2.3	2.2.2.2	3.2.2.3	3.1.1.3	3.4.3	3.2.3	2.2	3.2	2.7	4.8	8.12	21

Row clues (top to bottom):

Row	Clue
1	4
2	4
3	3
4	3
5	2
6	2
7	2
8	2
9	1
10	1
11	2
12	2
13	1.2
14	3.4.2
15	10.3
16	6.3.3
17	3.2.3.4
18	1.1.2.2.8
19	4.2.2.7
20	1.3.3.5
21	1.2.4
22	1.2.3
23	1.3.3.2
24	3.2.2.3
25	1.1.2.2.3
26	3.2.3
27	6.3
28	10
29	3.4
30	1

34. THINKER (landscape)

15x25

	9/9	3/5/3	2/1/5/2/5/1/2	2/1/2/1/2	2/1/5/2/5/1/2	2/1/2/1/2	2/1/2/5/1/2	2/1/2/2/1/2	2/1/2/2/1/2	2/1/2/2/1/2	2/7/7/2	2/2/2	10/2/10	23	2/2/2
11															
13															
2.2															
11.2															
1.1.2															
1.1.1.1.2															
1.1.1.1.2															
1.1.1.1.2															
1.1.1.1.2															
1.1.1.1.2															
2.2															
1.1.1.1.1.1.2															
13															
2.1.1.1.1.3															
2.2															
1.1.1.1.1.2															
1.1.1.1.1.2															
1.1.1.1.1.2															
1.1.1.1.1.1.2															
1.1.1.1.1.1.2															
1.1.2															
11.2															
2.2															
13															
11															

35. THINKER (landscape)

15x25

Column clues (left to right, top to bottom):

Column	Clue
1	1 5 2
2	3 2 2 4
3	1 3 2 2 4
4	5 3 2
5	1 1 3 14
6	2 4 4 1 1 1 1 2
7	1 2 7 7 1
8	4 7 2
9	1 7 15
10	6 14
11	1 4 9
12	4 7
13	1 2 5
14	2 2 1 2
15	1 2 1 2

Row clues (top to bottom):

Row	Clue
1	1.1.1.1.1.1.1.1
2	1.1.1.1.1.1.1
3	13
4	3.7
5	3.5
6	3.3
7	3.2
8	4
9	4
10	2
11	6
12	6
13	3.7.1
14	6.5.2
15	1.2.6
16	7.5
17	3.1.1.7
18	3.5
19	1.1.6
20	2.3.4.2
21	5.1.3.1
22	7.2
23	2.1.2
24	2.3
25	4

36. BRAIN (landscape)

15x25

Column clues (left to right):
1. 2,3,8
2. 2,2,1,1
3. 3,2,10
4. 1,2,5,2
5. 2,2,2,2
6. 3,2,1,2
7. 4,8,12
8. 1,2,2,1,1,1,7
9. 6,1,1,2,7
10. 1,3,6,1,1,6,1
11. 1,1,1,12
12. 2,1,2,1,1,1,1,2
13. 4,2,6,1,2
14. 4,5

Row clues (top to bottom):
1. 10
2. 3,3,4
3. 2,2,1,2
4. 1,2,3,1,1
5. 2,2,3,1
6. 3,2,5
7. 2,2,2
8. 1,2,2,1
9. 12
10. 1,2,1,3
11. 1,3,1,4
12. 1,1,2,4,2
13. 1,1,3,1,1,1
14. 1,1,3,2,1
15. 3,1,2,4
16. 1,1,3,1
17. 1,1,1,1
18. 2,1,1,1
19. 2,6,1
20. 4,1,4
21. 3,1,1,1
22. 9
23. 2,1,1,1
24. 2,1,4
25. 7

37. THINKER (landscape)

15x25

	5	3,3,5	3,5,2,5,1	2,2,2,2,3,1,2,3	3,1,2,1,1	3,1,2,1,4,5,2	3,1,2,1,1,1,3,3	3,1,2,2,1,1,1,1	1,2,2,4,1,1,2	2,2,2,2,1,1,2	2,7,1,2,2	3,1,1,1,1,3,2,2	3,1,1,1,1,2,1,2	3,1,1,4,3,1	3,1,3,1,1
8															
7.3															
3.4.3															
2.1.2.3															
1.3.2.3															
3.2.2.2.2															
3.3.1.1															
2.2.3.1															
3.2.1.1.1															
1.2.2.1															
2.3.1.1															
2.2.1.2															
1.4.1.3															
4.1.1.3															
2.1.1.4															
2.1.1.3															
2.6															
1.1.1															
2.5.2															
6.5.1															
3.2.2.1															
1.1.2															
2.2.2.1															
4.5.1															
2.4.2															

38. BRAIN

20x30 (landscape)

Column clues (left to right):
1. 3, 10
2. 4, 3, 4
3. 4, 2, 3, 3, 3
4. 3, 1, 1, 2, 8, 1, 1
5. 3, 1, 1, 2, 9, 1, 1
6. 4, 2, 1, 3, 3, 5
7. 4, 2, 3, 4, 3
8. 4, 2, 7
9. 8
10. 4, 1
11. 4, 2
12. 5
13. 5
14. 5
15. 1, 3
16. 2, 3
17. 1, 1, 5
18. 3, 1, 5
19. 4, 1, 4
20. 9

Row clues (top to bottom):
1. 6, 2
2. 7, 7
3. 8, 2, 1, 3
4. 3, 10, 1, 2
5. 1, 9, 1, 1
6. 2, 2, 9, 2
7. 13, 3, 1
8. 2, 2, 1, 4
9. 1, 3, 1, 1, 4
10. 2, 4, 4
11. 9, 2
12. 8
13. 3, 3
14. 1, 1
15. 2, 2
16. 3, 3
17. 6
18. 6
19. 2
20. 3
21. 5
22. 5
23. 5
24. 3
25. 1
26. 1
27. 1
28. 1
29. 1
30. 1

39. BRAIN (landscape)

20x30

Column clues (top to bottom):

Column	Clue
1	1 3
2	2 1 1 1
3	1 2 1 6
4	5 1 2 2
5	6 1 4 3
6	1 1 1 9 2
7	5 2 1 2 1 1
8	1 1 1 6 3
9	5 1 1 1 1 1
10	1 1 1 2 2
11	10
12	10
13	2 2 2
14	1 1 1 1
15	10
16	2 2
17	12 1
18	3 12 3
19	2 2 1 1 5 2
20	1 1 6 8 2 3

Row clues:

Row	Clue
1	2
2	2
3	1.1
4	2
5	2
6	1
7	5.1
8	1.1.1.1
9	5.1
10	1.1.1.1.3.1
11	1.9.5
12	4.5.2.1
13	1.2.1.3.1.2.1
14	1.9.2.2.1
15	2.3.3.1.2.1
16	2.1.3.1.2.1
17	10.2.2.1
18	1.2.1.3.1.2.1
19	8.5.2.1
20	1.2.2.4.5
21	3.2.1.1.3
22	3.3
23	3.1.1.1
24	2.2.2
25	2
26	1
27	3
28	2.1
29	3
30	1

40. BRAIN (landscape)

20x30

Column clues (top to bottom):

Column	Clue
1	6 4
2	1 3 3
3	1 8 1
4	1 7 2
5	12
6	1 5 1
7	1 3 1
8	1 2 1 2 1
9	1 1 1 1 1
10	1 3 1
11	5 1
12	7 3 2
13	3 9 2
14	9 13
15	2 20
16	2 19
17	1 8 9
18	1 6 3 2
19	1 7 2 2
20	4 3 3

Row clues:

Row	Clue
1	5
2	2.1
3	2.1
4	1.2
5	4.1
6	5.1
7	7
8	6
9	6
10	6
11	5
12	4
13	5
14	5
15	1.7
16	2.10
17	1.1.3.10
18	1.3.9.1
19	2.1.7
20	3.1.1.6
21	5.2.8
22	5.1.1.7
23	8.1.4.1
24	5.1.1.2
25	4.1.2
26	4.2.2
27	5.2
28	2.2.1
29	1.2.3
30	1.2

41. BRAIN

20x30 (landscape)

	4	3	1	13	2/2/1/1/2/2	2/2/5/2/2	2/2/1/2/2/2	2/2/2/3/2/2	5/2/1/1/2/5	2/1/3/1/2/2	17	2/2/1/1/2/2	2/2/1/1/2/2	2/2/1/1/2/2	2/2/2/2/2/2	2/2/2/2/2/3	3/2/2/3/2/3	3/2/3/2/3/4	4/3/2/3/3/3	3/2/3/2/2/2
1																				
2																				
2																				
2																				
1.3																				
2.3																				
4.4																				
2.7.2																				
2.2.3.3																				
2.2.2.4																				
1.2.1.1.4																				
3.2.5.1																				
1.2.2.4.3																				
2.1.2.1.1.6																				
2.3.1.9																				
4.6																				
3.1.8																				
1.2.1.1.5																				
2.2.4.4																				
3.2.5.2																				
1.2.3.4																				
2.2.2.4																				
2.2.3.3																				
2.7.2																				
4.4																				
2.3																				
1.2																				
2																				
3																				
2																				

42. BRAIN

20x30 (landscape)

Column clues (left to right):
- 3
- 3, 2
- 1, 2
- 2, 2, 1
- 4, 2
- 3, 2, 2
- 6, 1, 4
- 2, 13
- 1, 14
- 5, 2, 2, 4
- 6, 2, 2, 2
- 8, 2, 4, 2
- 6, 2, 2, 2, 2
- 7, 2, 4, 2, 2
- 10, 2, 2, 2
- 12, 2, 2, 2
- 12, 2, 2, 1
- 9, 2, 2, 4
- 1, 1, 2, 7
- 5, 2, 5, 3

Row clues (top to bottom):
1. 4
2. 4
3. 4
4. 4.2
5. 1.5.3
6. 2.1.10
7. 1.1.9
8. 2.11
9. 2.11
10. 3.11
11. 5.2.5.1
12. 5.2.4.1
13. 5.6.1
14. 3.2.7
15. 3.2.4.1
16. 4.2.3
17. 1.2.1.5
18. 2.1.1.2.1
19. 1.1.2.2
20. 1.2.2.2
21. 2.2.2.2
22. 2.2.2.1
23. 2.2.3
24. 2.2.2
25. 2.4
26. 2.2
27. 4
28. 3
29. 2
30. 1

43. BRAIN (landscape)

20x30

Column clues (top to bottom):

Column	Clue
1	5
2	7
3	5 3
4	4 3 7
5	4 3 2 2
6	15 4
7	15 2 2
8	16 4 2
9	1 2 2 1
10	18 3 2
11	2 2 8
12	16 2
13	2 2 2
14	2 2 2 2 2
15	3 4 3 3 4 3
16	2 2 2 2
17	1 2 1 1 2 1
18	2 2 2 2
19	4 4
20	2 2

Row clues:

Row	Clue
1	3
2	2.2
3	3.4
4	4.1.3
5	6.1.1.2
6	7.1.1.1
7	8.1.1.1
8	4.3.1.1.3
9	3.3.1.1.2.2
10	2.3.1.1.2.1.2
11	4.3.1.1.2.1.2
12	7.1.1.2.2
13	6.1.1.3
14	4.1.1.1
15	3.1.1.1
16	3.1.1.2
17	2.5
18	2.5.1
19	1.2.1
20	1.2.1
21	1.6.3
22	3.4.2.2
23	3.2.2.1.2
24	1.2.1.2.1.2
25	2.1.2.2
26	4.3
27	2.1
28	2.1
29	4
30	2

44. THINKER

(landscape)

20x30

Column	Clue
1	6
2	6 1
3	2 2 3 1 3
4	7 3 2 2 4
5	2 2 1 2 1 1 3 2 1
6	1 2 1 14 2
7	1 1 6 3 2
8	2 5 1 2
9	4 2 5 2
10	1 1 2 2 1 1
11	2 4 3 1
12	1 2 2 3 2 2
13	1 1 1 4 2
14	1 4 5 3
15	2 2 5 3
16	1 1 5 1 2
17	2 1 1 4 3 1
18	5 1 1 2
19	2 1 2 2 2
20	1 15 7

Row	Clue
1	3
2	5.3
3	3.4.1
4	1.3.3
5	2.2.5.1
6	7.2.1
7	2.4.1
8	1.3.3.1
9	3.3.1
10	2.2.1
11	1.3.1
12	2.2.1
13	2.2.3.1
14	2.3.4.1
15	1.4.5.1
16	1.1.2.8
17	5.3.2
18	2.1.3
19	2.3.1.2
20	1.2.1.2.1
21	1.1.2.3.3
22	1.1.3.1.2.2
23	1.4.4.1
24	4.3.1
25	1.1.1
26	2.4.2.1
27	2.2.3.1.1
28	2.2.3.2
29	2.2.3.2
30	4.4

45. BRAIN (landscape)

20x30

Column clues (left to right, top to bottom):

Column	Clues
1	10 6
2	3 2 3 3 3
3	2 3 4 2
4	5 2 11 2 2
5	1 2 2 4 2 1 1 6 1
6	4 2 1 1 1 2 2 2
7	1 4 2 2 1 2 2
8	1 1 2 4 2 3 3
9	1 2 5 3 6
10	2 4 8 2 2
11	5 15
12	1 2 2 9
13	1 2 1 3
14	3 4 2
15	2 2 2
16	6
17	2 2
18	2 2
19	3 3
20	4 4

Row clues (top to bottom):

Row	Clues
1	2.3
2	1.2
3	1.4.2
4	3.3.1
5	4.3.1
6	2.2.6
7	1.1.4.3
8	2.2.3.1.1
9	1.2.2.3.2
10	1.1.2.4.2.2
11	3.1.7.3
12	2.4.2.1.3
13	1.2.2.2.2.2
14	1.1.1.4.1
15	1.1.1.5.5
16	1.9.7
17	2.2.1.1.2.1.2
18	1.1.2.2.1
19	7.2
20	2.3
21	5.3
22	3.3.2
23	2.1.2.1
24	2.1.2
25	1.3.2
26	1.3.2
27	2.1.2
28	2.1.2
29	3.3
30	5

46. INSANE

20x30 (landscape)

	19	6/4	2/1/9/5	2/1/1/4/4	1/1/1/1/6/4/2	3/1/1/1/7/3/3	2/1/1/1/1/2/4/2	3/1/3/8/4/3	1/2/4/6/1	1/1/1/5/1/4	1/1/1/6/1/3	1/1/5/2	4/1/6/2	2/1/2/2/1/1	2/3/3	3/2/6	3/3/3	2/3/1	1/2/2
3																			
3																			
2																			
2																			
11																			
5.2																			
2.1.7																			
2.1.1.2.1																			
2.1.1.1.1.1																			
3.1.1.3.1																			
2.1.1.2.2																			
3.1.3.1.1																			
4.1.2.3																			
1.3.1.1.3.1																			
1.5.3.3.2																			
1.4.4.3.1																			
1.1.2.4.1.3																			
1.1.2.3.2.2																			
1.5.7																			
1.2.2.3.2																			
1.1.3.5																			
2.2.4.2																			
2.1.6																			
3.2.3																			
3.2.3																			
1.2.2.2																			
1.3.2.3																			
4.1.3																			
1.1.2.3																			
1.2.3																			

47. BRAIN (landscape)

20x30

Column clues (top to bottom):

Column	Clue
1	10
2	3 3
3	3 3
4	3 2 2 2 2
5	2 1 1 1 1 2 1
6	2 3 3 2 1
7	2 2 2
8	2 1 2 3
9	2 2 2 4
10	2 5 1 6 1
11	3 1 2 9 1
12	7 8 2
13	3 2 15
14	2 16 1
15	1 3 13 6
16	3 5 8
17	2 5 4
18	1 6 4 2
19	6 6 1
20	7 9

Row clues:

Row	Clue
1	2.2.1
2	2.2.1
3	1.1.1
4	2.2.2
5	2.1.2
6	4.2.2.3
7	6.2.1.3
8	3.2.1.1.3
9	3.2.3.4
10	2.9
11	1.3.2.5
12	1.1.1.2.4
13	1.2.1.3
14	1.2.2
15	1.3.2.3
16	1.1.1.1.3
17	2.2.4
18	3.5
19	3.9
20	7.8
21	4.9
22	3.6
23	4.1.3
24	4.1.2
25	2.1.2.2
26	3.1.1.2
27	4.1.1.1
28	3.1.1.1
29	1.3.2.1.1.1
30	4.3.2.3

48. BRAIN

20x30

Column clues (top to bottom):

Column	Clue
1	3 3
2	2 1 2 4 3
3	4 2 2 2 2
4	1 1 5 2 6
5	1 1 2 2 2 5
6	2 6 1 5 1
7	1 2 1 1 3 2
8	7 1 3 4 4
9	2 1 1 1 1 9 2
10	1 8 1 10 1
11	2 1 1 12 4
12	1 4 1 1 5 2 2
13	2 1 4 2 1 2 3
14	8 3 1 2 2 1
15	1 5 1 2 2 1
16	1 3 3 1 2 2
17	1 1 2 1 2 2
18	1 1 4 1 3
19	4 2 3
20	3

Row clues:

Row	Clue
1	3.2
2	2.4
3	1.1
4	1.1
5	5.1.1
6	2.3.3.6
7	1.1.1.3.1
8	3.4.1.2.1
9	1.2.4.1.2
10	2.1.1.1.1.1
11	2.5.1.1.2
12	4.10
13	6.1.1
14	2.1.1.2.2
15	2.6.2
16	1.1.1
17	1.2.3
18	4.3.1.1
19	2.1.8
20	6
21	2.5
22	3.5
23	1.2.4.5
24	2.2.2.2.1.1
25	1.2.1.2.2.1.2
26	2.3.3.2.2.1
27	9.2.2.2
28	7.1.2.2
29	2.2.3.2
30	3.6

49. INSANE (landscape)

20x30

Column clues (left to right):
1. 12
2. 6, 4
3. 8, 2, 4, 2
4. 3, 9, 1
5. 2, 4, 3, 2, 2
6. 2, 3, 3, 2, 2, 1
7. 2, 4, 1, 2, 2, 2, 1
8. 3, 6, 1, 1, 4
9. 3, 5, 3
10. 2, 3, 2, 1, 3
11. 2, 3, 1, 7, 1, 2
12. 5, 2, 3, 5, 1
13. 3, 5, 5, 1, 2
14. 4, 13, 1, 2
15. 3, 2, 9, 2, 2, 2
16. 3, 2, 5, 2, 2, 3
17. 3, 3, 3, 3
18. 6, 8
19. 6, 6

Row clues (top to bottom):
1. 3
2. 7
3. 12
4. 5.3.3
5. 6.1.2
6. 4.2.2
7. 3.3.3
8. 3.6.4
9. 2.5.3
10. 4.4.2
11. 4.3.2
12. 4.2.1.4
13. 3.5.4
14. 1.4.3
15. 1.3.2.2.4
16. 1.1.1.2.3
17. 1.2.2.3
18. 1.3.2.3
19. 5.2.2.3
20. 2.2.1.1.2
21. 2.2.2.3
22. 2.3.2
23. 2.3.3.3
24. 3.2.2.5
25. 6.3.3
26. 3.2
27. 2.2
28. 4.3
29. 6
30. 4

50. BRAIN

(landscape)

20x30

Column clues (left to right, top to bottom):

Column	Clue
1	1 2 2
2	1 2 1 8
3	2 3 2 2 2 2 3
4	5 6 1 1 5
5	2 2 3 2 2 3 2 3 3
6	2 2 2 2 2 3 2 3 1 1
7	1 1 1 2 1 1 2 1 3
8	1 1 1 2 2 7 1
9	1 2 2 4 5 1
10	3 2 2 2 1
11	2 2 2 2 6
12	2 2 2 2 7
13	2 2 6 2
14	1 6 1 4
15	1 2 2 1 1 6
16	2 1 3 1 4 3
17	2 2 1 4
18	1 3 5
19	1 6 1 2
20	6 8

Row clues (top to bottom):

Row	Clue
1	7.3.1
2	5.1.1.1
3	2.2.2
4	6.2.3.1
5	6.2.1.4.1
6	2.2.2
7	3.2.1
8	6.1.2
9	5.2.2
10	2.2.1.3
11	4.2.3.2
12	6.1.1
13	2.2.1.2
14	2.2.2.1.1
15	2.2.4.3.1
16	2.2.3.3
17	8.2.3
18	2.2.1.1.3.1
19	1.2.1.2.2
20	2.2.1.2
21	7.5
22	2.2.2.1
23	2.1.2
24	4.4
25	3.1.3.2
26	6.6
27	2.2.3
28	5.5
29	2.1.4
30	8

51. BRAIN (landscape)

20x30

Column clues (top to bottom):

Column	Clue
1	2 2
2	2 2
3	1 3 1 17
4	2 1 2 1 1
5	2 2 1 2
6	3 1 6 3 1
7	9 1 1 3 1
8	1 2 1 1 7 1
9	1 4 2 1 1 7 1
10	1 1 2 2 4 1 3 1
11	1 1 2 2 3 1 3 1
12	1 6 2 1 1
13	14 11
14	15 11
15	1 2 6 1
16	2 3 2 3 1
17	1 5 2 5 1
18	2 5 12 5
19	5 5
20	3 3

Row clues:

Row	Clue
1	3
2	3.3
3	2.2.2.1
4	1.2.1.2
5	2.1.2.4.3
6	2.2.1.3.5
7	2.2.1.3.5
8	2.2.1.3.5
9	2.1.1.6.3
10	1.2.1.6
11	2.1.2.1
12	12
13	16
14	1.2.1
15	1.10.1
16	1.1.2.1.1
17	1.1.2.1.1
18	1.1.1.1.1
19	1.1.1.1
20	1.10.1
21	1.2.1
22	1.2.2.1
23	1.2.2
24	1.6.2.3
25	1.6.2.5
26	1.6.2.5
27	1.2.2.5
28	1.2.2.3
29	3.2
30	13

52. BRAIN (landscape)
20x30

Column clues (left to right):
1. 4,4,1,1
2. 1,2,1,2,7
3. 1,2,3,1,1,2
4. 1,3,2,1,2,1
5. 3,2,1,1,2,1
6. 1,2,2,1,1,3,1
7. 1,2,2,2,1,1,1,1
8. 2,2,2,2,1,1,3,1
9. 1,2,1,3,1,1,1
10. 2,1,1,1,2,1
11. 1,2,1,2,2,1
12. 1,5,3,2,2,2
13. 8,1,2,3,2,1,2
14. 2,7,2,2,3,1
15. 3,1,6,3,3,1
16. 2,1,3,12,1
17. 2,1,1,11,1
18. 11,1,8,2
19. 1,1,1,1,1,3,2,2
20. 13,6

Row clues (top to bottom):
1. 1,1
2. 3
3. 1,1
4. 3
5. 1,1,1
6. 2,3,3
7. 1,1,4,1,1
8. 2,4,2,2,3
9. 2,1,4,3,3,1
10. 1,4,6,4
11. 2,1,2,3,1,1,1
12. 1,3,2,3,1,2
13. 2,2,2,3,3
14. 2,2,2,3,1
15. 2,11
16. 2,1,2,3
17. 2,1,2,4
18. 2,1,2,3
19. 6,6
20. 2,6
21. 9,5,1
22. 2,2,3,1
23. 1,1,4,7,1
24. 3,3,2,6,1
25. 1,1,2,4,2
26. 3,1,1,2,2
27. 1,1,6
28. 2,1,1,2
29. 2,3
30. 4,2

53. BRAIN (landscape)

20x30

Column clues (left to right, top to bottom):

Column	Clue
1	3 1 2 2 1 3
2	3 1 1 3 3 1 1 3
3	3 1 3 3 3 1 3
4	2 1 2 2 6 2 2 1 2
5	2 1 4 10 4 1 2
6	1 1 2 7 7 2 1 1
7	2 4 2 2 4 2
8	1 2 4 1 1 4 2 1
9	2 1 3 3 3 3 1 2
10	1 2 3 1 1 3 2 1
11	2 1 2 2 1 2
12	5 1 1 5
13	1 2 3 3 2 1
14	4 2 2 4
15	4 2 2 2 4
16	3 1 2 1 3
17	3 2 2 2 2 3
18	2 2 4 2 2
19	2 1 1 1 1 2
20	3 2 3

Row clues (top to bottom):

Row	Clue
1	8
2	3.1.1.4
3	3.1.1.1.1.2
4	3.1.10
5	2.1.2.6
6	1.1.4.4
7	1.2.3.3
8	1.4.3.2
9	2.6.2.1
10	1.2.2.2.4
11	2.3.1.3
12	2.2.3.3
13	5.1.5
14	4.3
15	2.2.1.1
16	2.2.1.1
17	4.3
18	5.1.5
19	2.2.3.3
20	2.3.1.3
21	1.2.2.2.4
22	2.6.2.1
23	1.4.3.2
24	1.2.3.3
25	1.1.4.4
26	2.1.2.6
27	3.1.10
28	3.1.1.1.1.2
29	3.1.1.4
30	8

54. BRAIN (landscape)

20x30

Column clues (left to right, top to bottom):

Column	Clue
1	2
2	2
3	3 2
4	2 1 2
5	2 2 2 2
6	8 1 2 5
7	25
8	13 12
9	15 13
10	1 2
11	15 14
12	3 6 4 4
13	2 4 5 3 4 3
14	1 6 4 2 6 2
15	1 3 3 4 2 3 3 2
16	1 2 2 2 7 2 2 2 1
17	2 2 2 2 2 2
18	3 3 3 3
19	6 6
20	4 4

Row clues (top to bottom):

Row	Clue
1	8
2	1.3
3	4.2.4
4	4.1.6
5	4.1.3.3
6	4.1.2.2.2
7	4.1.2.2.2
8	4.1.3.3
9	6.1.6
10	7.2.4
11	1.3.3
12	3.3.6
13	5.6
14	3.6
15	1.3.6
16	1.3.1
17	2.4.6
18	2.3.6
19	2.3.3
20	2.3.2.4
21	5.1.6
22	4.1.3.3
23	4.1.2.2.2
24	4.1.2.2.2
25	4.1.3.3
26	3.1.6
27	3.2.4
28	2.3
29	8
30	6

55. BRAIN

20x30 (landscape)

	4.2.2	5.4.6	5.4.3.3	6.4.3.3	8.2.3.3	3.3.2.6	1.1.4.6	2.2.3.2	2.2.6.2	1.1.1.1.1.1	1.1.2.1.1.7	2.1.1.1.1.6.2	5.1.1.1.6.8.2	3.2.6.5.5	6.3.3.5.1	6.1.12.1	6.2.7.3.1	3.2.6.12	3.2.2.9	10.7
4.3																				
5.5																				
5.5																				
9.5																				
5.3.3																				
3.1.5																				
1.3.2																				
1.1.1																				
2.1.1.2																				
1.1.1.1																				
2.6.2.1																				
2.1.1.1																				
3.2.4.1.1																				
7.2.1.1.1																				
7.2.1.1																				
3.2.4.1.1																				
4.2.1																				
4.1.2.2.2																				
8.1.4																				
8.6																				
1.4.8																				
7.12																				
7.4.5																				
4.2.10																				
2.3.2.3																				
12																				
1.8																				
2.7																				
3.2																				
6																				

56. THINKER

20x30 (landscape)

Rows \ Cols	2.2.2	1.2.3.3	2.3.3.4	2.3.3.7	1.3.3.3	3.4.3.6	3.4.2.9	1.4.2.11	5.3.3.5	4.2.1.2.5	2.2.2.5.5	3.2.2.5.4	4.2.7.4.2	4.2.7.3.2	2.1.9.3.2	2.11.2.2	13.3	15.3	18	15
2.2.1																				
1.2.3																				
2.3.2																				
2.3.4																				
1.3.5.2																				
3.5.3																				
3.5.4																				
2.4.4																				
4.4.1																				
3.3.3.1																				
2.4.3.3																				
1.3.3.5																				
3.3.6																				
3.2.8																				
2.3.10																				
2.3.10																				
2.3.11																				
1.3.11																				
1.3.10																				
4.8																				
6.6																				
7.5																				
8.4																				
8.3																				
7.2																				
2.2																				
1.2																				
2.3																				
5																				
3																				

57. BRAIN

20x30 (landscape)

	1/1	4/4	1/1	6	12	2/3	1/3/3/3	1/2/2/4	1/1/1/5	14/3	14/4	14/1/2	17/6	2/7/6/1/5	1/5/8/1/5	2/7/12/1/2	26/2	28	2/2/13	13/5/5/4
12.1																				
2.2.5.3.1																				
1.1.1.4.4																				
1.1.1.5.5																				
4.2.9.1																				
2.1.9.1																				
2.1.10.1																				
2.1.9.1																				
2.2.9.1																				
4.1.5.5																				
1.1.5.4																				
1.2.5.3.1																				
2.14.1																				
13																				
3.8																				
2.8																				
12																				
2.6																				
2.6																				
9																				
2.5																				
1.5																				
8																				
2.4																				
2.4																				
6																				
2.3																				
1.1.1																				
4.1																				
3.1																				

58. BRAIN (landscape)

20x30

Column clues (left to right):
1. 2,2
2. 2,2
3. 2,2
4. 3,3
5. 4,4
6. 19
7. 9,5,3
8. 3,4,3,2
9. 2,3,3,4
10. 8,6,1
11. 1,23,1
12. 1/2,6,1,2,1
13. 1/2,2,4,2,1,1
14. 1,1/2,1,4,4,2,2,1
15. 1,1/2,1,4,2,4,2,2
16. 2,2,3,6,4,2
17. 2,4,8,4,3
18. 3,4,10,8
19. 7,12,7
20. 26

Row clues (top to bottom):
1. 9
2. 2.4
3. 1.4.2.3
4. 2.1.2.3.2
5. 2.2.2.4
6. 2.1.3.6
7. 2.1.11
8. 4.2.5
9. 3.1.1.1
10. 4.1.3.2
11. 4.1.3.3
12. 4.1.1.4
13. 4.2.5
14. 1.2.7
15. 1.10
16. 1.10
17. 4.2.7
18. 4.2.5
19. 4.1.1.4
20. 3.1.3.3
21. 3.1.3.2
22. 2.1.1.1
23. 3.2.5
24. 3.11
25. 2.1.2.7
26. 2.2.1.5
27. 2.1.2.3.3
28. 1.4.2.4
29. 2.5
30. 10

59. BRAIN (landscape)

20x30

Column clues (left to right, top to bottom):

Col	Clue
1	7
2	2 1 4 1 1 1
3	3 4 2 2 2 2
4	2 9 2 2 3
5	2 3 3 2 2 2 2 1
6	4 2 2 2 2 2 2 2
7	4 2 4 2 4 2 3
8	6 9 2 7
9	4 2 1 3 2 2 2 3 1
10	7 5 2 2 5
11	4 1 1 3 4 3 1 1
12	6 4 4 2
13	4 1 8 1 1
14	1 3 2 2 3
15	2 2 2 6 2 2
16	1 2 1 2 1 1 2 1 2
17	1 2 2 4 2 2
18	2 3 2 2 3
19	2 1 2 2 2 1 1
20	2 2 2 2 2

Row clues (top to bottom):

4
8
1.1.4
2.6
1.7
1.3.4
4.2.3
4.2.5
5.6.4
1.2.2.1.4.2
7.3.1.2
2.3.1.1.3.1
2.5.2.2
2.3.2.1.2
2.6.2.2
2.2.3.3.1
2.2.3.1.2
2.2.4.2
2.9
3.1.1.1.1.2
3.1.1.1.1.2
2.9
2.2.4.2
2.2.3.1.2
2.2.3.3.1
2.6.2.2
2.3.2.1.2
2.5.2.2
2.3.1.1.3.1
8.3.1.2

60. BRAIN (landscape)
20x30

Column clues (left to right):
- 18
- 2/3/3/2
- 2/5/3/2/2
- 2/2/2/2/2/1
- 1/2/2/2/2/4
- 4/9/2/2/1/3
- 3/2/3/2/1/1/1
- 1/9/1/1
- 16/5
- 28
- 4/18/4
- 3/2/3/3/2/3
- 3/2/16/2/4
- 4/18/4
- 8/8
- 7/7
- 1/1/1/1/1/1
- 1/1/1/1/1/1
- 2/2/2/2
- 3/3

Row clues (top to bottom):
- 2.4
- 2.7
- 14
- 3.3.3.2
- 2.2.2.4.1
- 2.5.2.2.2
- 2.7.6
- 1.4.9
- 4.10
- 3.9
- 4.6.2
- 1.4.4.2
- 1.7.2
- 1.6.2
- 1.3.2
- 1.3.2
- 1.6.2
- 1.2.3.2
- 1.2.2.2
- 1.2.2.2
- 1.1.5
- 1.2.6
- 1.2.7
- 2.2.3.6
- 2.5.2.2.2
- 2.2.2.4.1
- 3.3.3.2
- 14
- 2.7
- 2.4

61. BRAIN
20x30 (landscape)

Column clues (left to right):

1. 5, 2
2. 5, 1, 2
3. 9, 2
4. 5, 2, 2
5. 5, 4, 2, 2
6. 5, 2, 2
7. 5, 6, 2, 2
8. 6, 2, 3, 2
9. 6, 3, 1, 3, 1, 2
10. 7, 1, 4, 1, 2, 1
11. 7, 4, 2, 4, 2, 1
12. 7, 1, 2, 1, 1, 2, 1
13. 7, 4, 1, 2, 1, 1, 1
14. 7, 1, 2, 1, 4, 1, 1
15. 7, 6, 6, 2, 1, 1
16. 8, 1, 1, 1, 2, 1, 1, 1
17. 9, 1, 4, 1, 2, 1, 1, 1
18. 10, 1, 4, 1, 2, 1, 1, 1
19. 10, 1, 4, 1, 1, 1, 1, 1

Row clues (top to bottom):

1. 9
2. 10
3. 11
4. 12
5. 13
6. 14
7. 15
8. 7, 4
9. 6, 1, 1, 1, 3
10. 5, 1, 1, 1, 1, 2
11. 5, 1, 1, 1, 1, 1
12. 5, 5, 1, 5
13. 4, 3, 1, 2
14. 3, 1, 2, 2, 1, 5
15. 3, 1, 1, 3, 1, 3
16. 1, 1, 1, 1, 3, 1, 3
17. 2, 1, 2, 2, 1, 5
18. 1, 2, 3, 1, 2
19. 2, 2, 5, 1, 5
20. 2, 2, 1, 1, 1, 1, 1
21. 2, 2, 1, 1, 1, 1, 2
22. 2, 3, 1, 1, 1, 2
23. 2, 4, 2, 1
24. 2, 1, 7, 1
25. 2, 1, 1, 1, 1, 1, 1
26. 2, 1, 1, 1, 1, 1
27. 2, 1, 1, 1, 1, 1
28. 2, 1, 1, 1, 1
29. 2, 1, 1, 1, 1
30. 2, 1, 1, 1

62. BRAIN

20x30 (landscape)

Col	1	2	3	4	5	6	7	8	9	10	11	12	13	14	15
	1,11,1,2	3,4,8,3,1	1,4,10,1,3,1	6,11,3,3	1,2,1,1	1,3,2,2,6,1	1,2,3,2,6,6	1,2,4,2,1,6	2,2,1,4,3	7,9,2	5,7	22	3,13	1,4,9,11	2,6,5,2

(header continues with columns 16-20: 5,4,6,4,11 | 2,6,4,2 | 2,5,2,8,4 | 1,3,1,7,2 | 2,6,1)

Row clues
1.5.2
4.1.2
1.1.2.1.2
1.3.2.1
2.1.1.4.2.2
3.2.11
4.3.4.4
3.2.3.1.2
2.1.2.1.5
1.7.1.5
8.1.4.1
4.1.1.3.1.1
4.2.1.1.1.2.1
4.3.3.2.2
4.3.4.3.2
4.3.8.2
4.3.7.2
3.2.7.2
2.7.2
11.3
1.1.2.4.2
3.3.4.2
1.2.4.2
1.2.3.3
3.2.3.3
1.1.3.2
1.2.1.3
3.1.4
1.1.2.5
2.1.5

63. INSANE
30x40

Column clues (left to right):
1. 8
2. 3,4
3. 3,3,7
4. 3,2,1,9
5. 5,2,2,3,4
6. 2,4,2,1,2,3
7. 2,1,2,1,1,5,2,1
8. 1,1,2,1,1,1,1,2,1
9. 1,2,3,1,1,3,2,1,1
10. 2,2,1,1,1,1,2,2,1,1
11. 2,1,1,2,1,1,4,2,1,1
12. 2,1,1,2,2,1,3,2,1,1
13. 7,2,4,1,2,3
14. 2,2,4,1,2,2,1
15. 2,1,1,4,2,4,1
16. 1,1,1,2,1,1,3
17. 1,2,4,1,5
18. 2,1,5,2,4
19. 5,5,2,2
20. 3,5,7
21. 3,7
22. 4
23. 10
24. 9
25. 8
26. 7
27. 6
28. 5
29. 4
30. 4

Row clues (top to bottom):
1. 1
2. 4
3. 1,3
4. 2,2,2
5. 2,3,2
6. 3,4,2
7. 1,1,1,2,2
8. 1,2,2,1,2
9. 1,2,3,2
10. 2,2,2
11. 1,2,3
12. 1,2,1,4
13. 2,3,2,2,1
14. 1,5,2,3
15. 3,1,1,3
16. 6,1,2
17. 4,3
18. 5,5
19. 2,3
20. 2,5
21. 3,1,7
22. 2,1,13
23. 2,3,12
24. 2,1,14
25. 2,2,7
26. 3,2,7
27. 3,2,7
28. 3,2,8
29. 3,4,8
30. 3,15
31. 2,11
32. 2,2,1
33. 3,3
34. 3,3
35. 7
36. 1,3
37. 2,1
38. 11
39. 1,2,1
40. 12

64. BRAIN

30x40

Column clues (left to right, top to bottom):

Column	Clue
1	3 13
2	3 1 1 7
3	2 3 1
4	3 1
5	3
6	12
7	14
8	16
9	2 5 12
10	1 4 17 4
11	2 20 6 1
12	9 5 12 6
13	5 18 4 2
14	5 2 5 10 2 4
15	5 18 2 2 1 1
16	9 5 9 2 1
17	2 20 3 2 4
18	1 4 12 1 2
19	2 5 3 1 6
20	8 1 2 1
21	5 1 1 1 1
22	4 1 5
23	2 1 4
24	1 1 5
25	1 1 3 1 1 1
26	6 2 1
27	2 4
28	6
29	1 1
30	

Row clues (top to bottom):

Row	Clue
1	1
2	3
3	5
4	7
5	7
6	2.2
7	2.2
8	3.3
9	3.3
10	9
11	9
12	3.1.1.3
13	3.1.1.3
14	1.1.1.1
15	7
16	7
17	7
18	7
19	9
20	2.1.1.2
21	1.2.1.1.2
22	1.11
23	2.11
24	1.11
25	2.13
26	1.13.1
27	1.2.1.1.1.1.1.2.1
28	1.1.2.1.1.1.1.1.2.1
29	1.1.17.1
30	1.2.17.1
31	2.1.9.1.4.2
32	1.1.8.2.1.1.2.2
33	1.1.7.4.1.1.1.2
34	2.6.2.2.1.1.1.2
35	2.5.2.2.1.1.1.2
36	2.4.2.2.1.1.1.2
37	2.5.1.4.10
38	2.6.1.1.1.1.3.2
39	2.6.1.2.1.1.3.2
40	2.7.1.1.1.11

65. INSANE

30x40

Column clues (left to right, top to bottom):

Column	Clue
1	4 2 2 3
2	2 4 1 3 2
3	3 1 3 2 1
4	1 5 2 2 3 4
5	2 5 1 1 2 2 2
6	1 6 1 2 2 2 2
7	1 4 2 3 1 1 3
8	1 3 7 1 3
9	1 4 5 4 3 3
10	2 3 2 1 5 2 2 2 1
11	3 3 1 1 4 1 5 1
12	1 6 1 2 9 3 1
13	1 3 1 2 8 1 3 1
14	1 3 2 1 9 3 3 1
15	2 3 1 9 2 2 3 1
16	2 3 11 1 5 1
17	3 10 9 4 1
18	3 2 10 3 1
19	10 1 3 1
20	10 3 3 1
21	9 2 2 3 3
22	5 6 5 3
23	1 1 3 3
24	1 2 1 1
25	1 1 2 1
26	3 2 1 1
27	1 3 1 2 1
28	1 2 1 2
29	1 2 4
30	4

Row clues (top to bottom):

Row	Clue
1	11
2	3.2.2
3	1.2.2
4	2.1.1
5	2.1.2
6	1.7.1
7	1.12
8	2.13
9	1.6.3
10	6.2
11	2.3.2.2.1
12	1.3.1.1.1
13	2.1.1
14	1.1.2.1
15	4.1
16	2.1.5.2
17	3.2.1.5.4
18	3.11.1.1
19	17.3.1
20	19.1.1
21	2.18.1.2
22	2.14.3.2
23	1.3.11.3
24	2.2.11
25	1.2.11
26	2.1.9.1
27	3.3.1
28	2.2.2
29	1.2.2
30	1.2.2
31	2.2.2
32	2.2.2
33	5.1.2.2
34	3.1.13
35	1.17.3
36	1.13.3.1
37	2.1
38	5.3.2
39	23
40	3.3

66. INSANE
30x40

Column clues (left to right):
5, 5, 4/3/1, 2/3/3/1, 3/4/4/1, 4/7/1, 6/1, 4/2/2/10, 3/2/2/12, 2/2/5/14, 2/3/2/16, 3/3/9/3/18, 5/2/11/2/19, 4/2/1/9/3, 2/1/5/4, 2/4/1/3/8/2, 6/2/2/4/1, 8/2/1/2/5, 6/2/1/3/2, 3/3/3/2/5/2, 3/7/2/3/4/2, 2/2/4/7, 1/11/15/2/4, 1/5/4/2/2, 4/2/12/1, 3/16/2, 2/2/1, 1/3

Row clues (top to bottom):
- 8
- 3.3
- 3.3
- 4.3.2
- 6.3.2
- 4.10.2
- 4.10.3
- 4.2.8
- 5.3.3.4
- 3.2.3.1.2.4
- 2.2.1.1.7
- 3.2.6
- 2.5
- 2.3
- 2.2.2
- 3.1.3
- 5.4
- 2.4.1
- 4.2
- 6.1.2
- 6.2.2
- 7.1.1
- 6.1.1
- 6.1.2
- 5.1.3.2
- 6.1.4.2
- 5.1.4.2
- 5.1.3.2
- 6.1.2.2
- 7.1.2.2
- 9.1.2.2
- 9.2.1.2
- 7.1.1.2
- 8.1.1.2
- 13.2.1.2
- 16.6.2
- 16.6.2
- 3.6.1.1.1.1
- 2.4.2.2.2.1.1
- 7.3.4

67. BRAIN
30x40

Column clues (left to right):
1. 6
2. 7
3. 8
4. 9
5. 10
6. 11
7. 1,4,3,11
8. 1,13,4,5
9. 2,6,3,6,4
10. 1,6,2,7,3
11. 2,2,2,4,2
12. 2,5,2,4,3,1
13. 1,6,1,3,2,5
14. 9,2,3,1
15. 2,1,1,1,3,1
16. 10,1,1,1,4,5
17. 3,7,1,1,1,3,1
18. 3,8,1,1,1,3,3
19. 4,7,1,2,3,3
20. 4,5,2,1,3,4
21. 9,2,2,2,4,6
22. 8,2,2,5,1
23. 1,7,2,8,2
24. 2,8,3,3
25. 1,13,6,3
26. 2,3,3,3,5
27. 1,11
28. 2,10
29. 1,9
30. 8
31. 7
32. 6

Row clues (top to bottom):
1. 3.5.2
2. 3.7.3
3. 9.3
4. 2.6
5. 4.2
6. 9
7. 12
8. 14
9. 16
10. 16
11. 5.3.4
12. 4.3.3
13. 3.2.4
14. 2.1.3
15. 2.3
16. 1.1.1.1
17. 2.3.3.2
18. 2.2.2.2
19. 2.2
20. 1.2.1
21. 2.2
22. 1.2.1
23. 2.1.1.2
24. 2.2
25. 2.2
26. 2.2
27. 6
28. 2.2
29. 5.1.1.5
30. 7.2.7
31. 6.2.2.5
32. 7.2.1.6
33. 5.3.1.2.3.4
34. 6.3.2.1.3.5
35. 7.3.3.3.6
36. 8.3.1.3.7
37. 9.4.3.7
38. 10.3.3.8
39. 11.2.3.9
40. 14.13

68. BRAIN

30x40

Column clues (left to right, top to bottom):

Column	Clue
1	1 3 5
2	2 3 4
3	8 1
4	6 2
5	3 1
6	3 3
7	1 2 1
8	2 5 2
9	3 9
10	2 11
11	3 8
12	2 2 7
13	2 2 1 5 2
14	2 2 2 3 4 2
15	2 2 9 5 8 2
16	1 2 1 13 7
17	1 1 1 1 4 8 5
18	4 1 2 4 7 5
19	4 1 1 4 6 11
20	3 1 2 4 8
21	4 4 1 4 6 5
22	4 5 4 7 5
23	1 1 5 4 8 11
24	1 2 4 13 11
25	2 2 9 4 8
26	2 2 2 3 5
27	2 2 2 5 3
28	2 2 5 1 2
29	4 6 1
30	3 6

Row clues (top to bottom):

Row	Clue
1	3
2	3.1.2.4.4
3	3.1.2.2.2.2.2
4	1.4.1.1.2.4.4.2
5	5.1.2.2.5.2.2
6	5.1.2.2.3.2.2
7	3.1.1.2.1.2.1
8	2.2.3.3
9	2.2.1.11.2
10	2.3.3.7
11	4.2.2.2.2.7
12	2.3.1.1.5
13	1.3.1.2.1
14	1.2.2.3.2
15	3.4.1.4
16	3.6.6
17	4.11
18	4.9
19	5.2.5.3
20	8.1.5
21	9.7
22	9.9
23	13.5
24	9.4
25	9.3
26	9.1
27	11.2
28	1.1.1.1
29	1.1.1.2.1
30	1.7.1.1
31	1.1.5.2.1
32	1.1.5.3
33	1.1.5
34	2.1.5
35	1.1.2
36	4.2
37	4.2
38	4.2
39	7.2
40	7.2

69. BRAIN

30x40

Column	Clue
1	8
2	9
3	2 7 4
4	2 4 10
5	1 4 1 2
6	4 1 2 3 2
7	3 7 3 8 2
8	1 6 2 2 2
9	1 6 4 8
10	1 7 3 2
11	1 5 2 1 1 1 2
12	1 4 3 2 5 2
13	1 4 2 1 4 2
14	1 4 2 1 1 2 2
15	2 4 4 8 2
16	2 4 1 2 1 1 3 2
17	2 4 2 1 1 2 2
18	2 5 2 1 10 2
19	2 4 1 2 1 1 1
20	2 6 1 1 1 1
21	1 3 2 3 1 1 9 1
22	5 3 3 2 2 2 1 1 1
23	5 2 2 2 4 1 2 2
24	5 3 2 4 9 2
25	5 3 2 1 2 2 1 1 5
26	5 6 2 11
27	4 5 2 2 4
28	3 14 3
29	2 10 5
30	5

Row	Clue
1	4
2	1.5
3	2.4.13
4	4.23
5	3.3.9
6	2.3.7.6
7	5.10.1
8	5.15.1
9	4.24
10	2.5.4.9
11	2.4.3.6
12	2.5.3.4
13	6.2.10
14	1.1.1.6.2
15	2.2.3.2
16	2.3.2
17	2.1.2.2
18	2.2.1.2.2.2.2
19	1.2.1.4.3.4.3
20	1.6.7
21	2.2.1.2.2
22	3.2.1.2
23	2.2.1.2.1.1.1
24	2.1.1.1.1.2.1
25	1.1.2.1.2.2
26	1.4.2.5.1
27	1.1.1.7.3
28	1.1.2.1.1.1.2
29	2.3.2.1.4
30	2.2.7.2
31	2.2.1.1.3
32	3.1.1.1.1.1
33	1.2.3.1.1.1
34	1.2.2.1.4
35	1.2.6.1
36	1.2.1
37	2.2.1
38	2.2.2
39	2.2.2
40	1.6

70. INSANE

30x40

Column clues (left to right, top to bottom):

Column	Clue
1	2
2	4
3	3.3
4	1.2.3
5	1.4.3
6	2.2.5.4
7	2.4.2.6.2.5
8	5.4.10.4.5
9	1.2.3.2.4.3.1.2.2
10	1.3.2.4.3.1.2.1.2.1
11	2.1.4.3.2.8.6
12	2.1.2.2.2.2.5.5
13	2.6.1.4.4.2.2.4
14	2.2.2.1.3.4.2.1.2.4
15	1.3.3.1.3.3.3.1.3.3
16	1.1.2.4.2.4.3.2.1.3.2
17	1.2.4.4.8.2.1.6
18	1.3.2.2.1.4.3.2.4
19	3.1.3.3.2.4.3.2.4
20	3.3.2.2.3.1.3.3.3.1
21	3.2.2.1.3.1.1.4.5.1
22	8.3.3.1.5.6
23	1.2.2.3.2.3.5.5
24	1.3.1.5.9.3.4
25	1.3.3.5.4
26	2.3.2.4
27	1.3.3
28	1.4
29	2.4
30	4

Row clues (top to bottom):

Row	Clue
1	12
2	9.8
3	6.6.4
4	2.6.4.4.2
5	4.3.3.3.5.1
6	2.2.2.2.4.3.3.2
7	2.3.3.2.4.5
8	1.3.3.3.2.3
9	3.2.2.2.4.7
10	1.3.4.2.2.1
11	2.2.2.2.2.1
12	6.5.3.1
13	3.3.2.5.2
14	1.2.4.2.1
15	2.4.3.3
16	4.2.2.2.2
17	2.4.1.1
18	2.2.2.3
19	3.4.5
20	3.2.1.4.1
21	4.5.3
22	3.2.2
23	1.2.4.5
24	1.10.1
25	8.5.1
26	1.4.4.3
27	2.3.5.3
28	2.3.4.5
29	2.2.3.7
30	1.2.1.1.10
31	2.6.1
32	5.5
33	4.1.1.10
34	2.2.3.7
35	2.3.4.5
36	2.3.5.3
37	1.4.4.1
38	6.5
39	8
40	4

71. BRAIN
30x40

Column clues (left to right):
3 | 7 | 3,5 | 2,11,2 | 5,7,3 | 5,9 | 5,9 | 1,4,8,3 | 4,4,8,4 | 3,5,13,2 | 4,3,3,12,4 | 3,5,9,3,2 | 4,3,2,2,4,2 | 5,2,2,1,14,2 | 6,3,3,8 | 7,4,2,2,11,2,2 | 3,3,4,12,3,1 | 3,3,1,2,2,11,3 | 7,3,6,8,2 | 2,2,3,2,4,2,8,2,10 | 8,3,3,4 | 2,6,2,4,4,2 | 6,2,4,3,6 | 3,3,3,4,3 | 3,3,1,2,2,3 | 3,2,2,3 | 3,1,4 | 3,5

Row clues (top to bottom):
3
5
7
3.5.2
8.1
8.1
10
2.1.3
3.2.4
2.2.4
3.8.2
12.2
4.5.3
2.1.4
3.2.3
3.2.1
3.2.1
4.4
5.3
5.2.1.3
6.2.2.4
7.2.2.5
3.3.3.1.3.5
3.3.3.1.3.1.5
2.3.4.1.3.3.5
5.4.1.3.3.3
4.5.1.4.5.1
4.5.1.4.6
5.6.1.5.3.3
10.1.6.2.1
9.2.6.4
8.2.7.3
5.2.3.7.2
5.1.5.3.3.2
3.2.1.4.2.5
4.2.2.1.3.4
5.1.1.2.6
3.6.2.7
2.13
2

72. BRAIN

30x40

Column clues (left to right, top to bottom):

Column	Clue
1	1 10
2	2 11
3	2 2 10
4	1 1 1 10
5	2 3 10
6	1 2 3 8
7	4 4 7
8	2 6 2
9	13
10	14
11	3 10
12	3 4 1
13	1 2 1 2 1
14	5 1 1 1 2
15	3 1 1 2 2
16	6 2 2 3 3
17	5 2 2 7 1 1 1
18	6 2 2 7 2 3 1 1
19	5 1 1 2 2 2 2 5 2
20	5 2 2 2 3 7 1
21	6 2 2 1 2 5 1
22	8 2 2 2 1 2 4 1
23	7 2 2 2 1 2 8 2
24	5 1 2 1 2 1 6 1 1
25	3 2 2 3 2 4 1 1
26	3 10 3 4 2
27	15 14 1
28	31 1
29	9 18 1
30	11 13 2

Row clues (top to bottom):

Row	Clue
1	3
2	5
3	7
4	9
5	11
6	13
7	6.2.4
8	3.6.1.2.4
9	2.3.1.1.2.1.1.4
10	2.2.6.1.3.5
11	5.4.3.1.7
12	3.3.6
13	3.10.2.5
14	3.4.8.5
15	2.6.5.5
16	4.6.4.1
17	12.5.1
18	5.6.6.1
19	6.7.3.3
20	7.4.8.3
21	7.3.5.2
22	7.3.2.2
23	7.3.1.2.1.3
24	11.2.5
25	8.2.2.8
26	3.10.5
27	2.2.4
28	3.2.4
29	2.2.4
30	2.2.4
31	2.2.4
32	8.4
33	13
34	13
35	12
36	4.2.5
37	1.1.1.3
38	1.1.1.1
39	6.1.1.1
40	8

73. BRAIN

30x40

Column clues (left to right, top to bottom):

Column	Clue
1	1.1
2	3.2
3	5.2
4	10.2
5	7.2.2
6	10.2.3
7	6.4.2.2.2
8	10.4.1.2.2.1
9	12.7.2.1.2.1
10	14.4.1.1.1.2.3
11	1.12.3.1.8.1
12	16.3.1.1.7.1
13	16.3.3.7.4
14	16.3.1.1.10
15	3.11.3.1.1.9
16	4.10.6.11
17	15.4.1.11
18	6.7.4.1.13
19	5.9.4.11
20	4.6.1.8.2
21	4.5.1.1.1.1.5.2.2
22	2.6.1.1.1.1.2.2.2
23	2.3.2.1.1.2.3.2.1
24	2.2.1.1.1.1.2.2
25	2.1.1.1.2.2.2
26	2.1.1.1.2.2.1
27	2.1.1.1.2.2
28	1.1.1.2.2
29	1.1.2.1
30	1.2

Row clues (top to bottom):

Row	Clue
1	10
2	14
3	1.12
4	2.3.6
5	6.3
6	8.2
7	10
8	10
9	12
10	12
11	13
12	13
13	13
14	16
15	4.15
16	5.6.5
17	9.7
18	23
19	20
20	15.2
21	1.1.2.2.1.1.2
22	1.1.2.1.2.2.1.2
23	1.2.2.2.1.1.1.2
24	2.2.3.2.1.1.2
25	2.2.2.1.1.1.1.1.1
26	2.2.10.1.1.1.1.1
27	2.2.1.4.1.1.1.1.1
28	3.4.7.1.1.1.1.1
29	3.11.1.1.1.1
30	4.14.1.1
31	13.1.1
32	12
33	15
34	9.2.2
35	12.2.2
36	1.6.2.2.2
37	2.2.2.2.2.2
38	1.2.2.2.2
39	1.2.2.2.1
40	2.2.2.2

74. BRAIN
30x40

Column clues (left to right):
1. 3,3
2. 2,8
3. 1,8,3
4. 3,2,1,1
5. 2,2,1,1
6. 4,4,2,3,3
7. 2,8,5,2
8. 2,9,7,2,3
9. 2,22,3,5
10. 3,1,24
11. 2,1,22
12. 5,3,5,7,2
13. 3,2,5,6,1
14. 2,1,5,5,1
15. 3,2,3,4,1
16. 2,4,10,3,2
17. 1,7,5,6,3,2
18. 3,7,5,6,3,1
19. 7,7,6,4,1
20. 7,8,6,5,2
21. 8,6,6,2
22. 8,7,10,1
23. 7,8,15
24. 9,14
25. 8,2,4
26. 2,4,3,3,7
27. 2,4,3,2,4,1
28. 2,5,2,8,1
29. 2,5,1,8,1
30. 9,3,3,4

Row clues:
1. 1.2
2. 3.3
3. 1.1.1.3.1
4. 3.2.2.5.1
5. 1.2.1.1.5.1
6. 1.17.2
7. 2.4.16
8. 4.1.1.15
9. 4.1.1.16
10. 5.18
11. 20.1
12. 5.10.1
13. 3.1.1.1.2
14. 3.2.1
15. 3.1.1
16. 4.1.4
17. 2.3.1.1.4.2
18. 2.1.13.2
19. 1.1.13.3
20. 4.14.3
21. 2.15.5
22. 2.22
23. 2.4.5.2
24. 12.4
25. 13.5
26. 3.7.6
27. 2.8.7
28. 17
29. 16
30. 2.7.2
31. 3.2.2
32. 3.2.2
33. 1.2.3
34. 2.2.4
35. 4.8
36. 4.6.3
37. 9.2.1
38. 4.3.5
39. 1.4.1.1
40. 6.5

75. INSANE

30x40

Column clues (left to right, top to bottom):

Column	Clue
1	20
2	2.18
3	6.2.18
4	2.3.2.18
5	2.4.1.1.18
6	1.6.2.2.2.4.2
7	1.7.1.1.2.3.2.2
8	1.7.4.2.1.4.1
9	1.7.2.1.3.3.2
10	2.5.1.1.2.1.3.2.1.1
11	2.3.2.1.2.1.4.3
12	2.1.1.4.3.4.1
13	2.2.20
14	2.2.2.1.1.2.4.2
15	2.1.1.2.2.2.3.2.2
16	2.1.1.4.1
17	2.3.1.2.2.3.4.2
18	2.5.1.2.2.2.2.2
19	1.7.4.2.3.1.2
20	1.7.1.2.1.4.3.2
21	1.7.1.2.18
22	1.6.2.1.17
23	2.4.1.2.17
24	2.3.2.17
25	6.19
26	3
27	3
28	3
29	3.6
30	5.2

Row clues (top to bottom):

Row	Clue
1	6.6
2	2.2.2.2
3	2.4.2.2.4.2
4	1.6.5.6.1
5	1.7.3.7.1
6	1.7.7.1
7	1.7.7.1
8	2.5.1.1.5.2
9	1.3.3.1
10	3.2.3
11	3.2.4
12	1.1.1.1
13	1.4.1
14	4.2.4
15	3.3.3.2
16	2.5.3
17	2.2.2
18	2.2.2
19	1.6.1
20	1.3.1.3.1
21	2.2.3.2.1
22	3.2.6.2.2
23	6.4.7
24	5.2.1.1.5
25	5.4.1.3.5
26	5.2.2.2.6
27	5.5.8
28	5.6.11
29	5.2.6.8.3
30	5.3.3.7.3
31	5.3.1.2.5.2
32	5.2.1.4.5.1
33	6.1.4.5.1
34	7.2.1.2.5.2
35	7.4.6.1
36	6.3.2.7.1
37	5.3.3.5.1
38	6.2.4.1
39	4.6.2
40	2.3.1

76. BRAIN
30x40

Column clues (left to right):
1. 5,4
2. 2,2,3,3,5
3. 2,3,3,3,5
4. 1,2,2,3,3
5. 5,2,2,3,1
6. 3,1,2,2,3,1
7. 3,2,3,1,2,3,4,1
8. 2,2,1,2,2,4,2,10
9. 1,2,2,16
10. 1,3,1,19
11. 2,17
12. 2,19,20
13. 2,17,3
14. 2,7,4,2
15. 2,3,7,6,1
16. 2,5,8,5,1
17. 4,8,7,4,1
18. 3,5,7,5,2
19. 3,3,6,3,2
20. 2,6,5,3,2
21. 2,2,2,5,2,2
22. 2,2,1,2,1,3,4,3,2
23. 2,2,5,8,2,6
24. 2,2,1,7,2,5
25. 2,7,2,7,2,6
26. 2,6,2,7,1,11
27. 3,5,1,1,11
28. 4,3,1,2,11
29. 7,1,2,8
30. 4,2,2,7
31. 2,1,8

Row clues (top to bottom):
1. 11
2. 2,12
3. 1,2,7
4. 2,2,2,2
5. 1,1,1,2
6. 2,2,2
7. 1,1,4,2
8. 1,2,6,1
9. 3,3,3,2,2
10. 2,3,3,2,1
11. 2,4,2,1
12. 1,5,3,1
13. 1,1,2,6,1
14. 1,3,2,1,3,2
15. 2,2,4,1,3
16. 2,6,2
17. 1,3,2,3,1
18. 4,1,2,1
19. 2,8,2
20. 4,13
21. 11,1
22. 16,2
23. 21,1
24. 21,1
25. 2,12,3,2
26. 2,10,7,1
27. 7,6,7,1
28. 14,1,2,2,2
29. 1,15,2,5
30. 2,12,2,3,1
31. 2,13,8
32. 2,14,7
33. 2,7,1,4,6
34. 2,6,1,1,10
35. 2,6,9
36. 1,6,9
37. 11,10
38. 2,9
39. 2,2,4
40. 5

77. BRAIN

30x40

Column clues (left to right, top to bottom):

Column	Clue
1	2.4
2	4.6
3	2.3.1.1
4	3.2.15.15
5	2.3.2.2
6	4.2
7	2.2
8	7.2.2
9	2.7.5
10	2.5.8.5
11	3.2.7.9.7
12	1.3.6.2.20
13	2.3.7.22
14	3.5.5.17
15	1.2.11.3.12.1.1
16	2.1.1.4.2.2.1.1.1.1.1.2.1
17	5.3.1.2.1.1.1.1.1.1.2
18	1.1.4.2.1.2.1.1.1.1.1.5
19	2.1.4.1.1.3.1.9
20	8.2.3.2.2.2
21	4.2.2.3.1.12
22	4.1.3.3.1.12
23	4.2.3.3.11
24	4.1.3.2.8
25	4.2.2.2.3
26	3.3.2.15.1
27	5.5.2.1.1.1.1.1.1.1.1
28	3.4.1.1.1.1.1.1.2
29	2.1.1.1.1.1.1.4
30	18

Row clues (top to bottom):

1.1
1.2.2
1.1.2.1.1
1.1.7
3.1.4.1.1
2.2.2.1.1.2.1
2.1.2.4.2.4
2.1.2.2.1.7
2.2.13
3.7.5
3.5.1.5
1.6.1.5
1.4.1.1.2.4
1.4.2.2.1.2
1.4.2.1.3
1.3.1.1.2.2
1.2.2.5.2
1.2.2.3.1.1
1.4.2.2.1
1.2.7.1
1.4.5.3
1.3.1.3.2.2
1.3.2.2.4
4.5.2.2.3.1
2.1.8.4.1.1.2
2.1.11.4.3.1
2.12.3.1.2
2.2.9.2.4.1
3.8.10.2
1.9.1.4.3.1
1.3.4.3.4.1.2
1.5.1.4.3.1
1.4.3.4.1.2
1.6.1.4.3.1
1.5.3.4.1.2
1.9.1.4.3.1
1.7.3.3.1.2
1.7.1.3.6
1.7.3.4.1.3
1.8.1.3.3.2

78. INSANE

30x40

Column clues (top to bottom, columns 1–30):

Column	Clue
1	5.2.9
2	1.1.1.2.3.4
3	2.6.2.2.1.3
4	3.6.2.1.1
5	2.6.3.1.4
6	2.7.3.1.5
7	2.2.3.5.2
8	1.7.4.7.1
9	3.5.4.2.7.1
10	1.3.6.4.2.5.4
11	7.6.4.2.5.1.1
12	4.2.1.1.1.1.6.3
13	3.5.1.1.2.4.2.3.6
14	1.4.1.3.1.4.1.6
15	2.6.1.1.1.1.4.8
16	2.6.1.1.1.1.4.8
17	1.4.1.3.1.4.1.6
18	3.5.1.1.2.4.2.3.6
19	8.1.1.1.1.6.3
20	15.4.2.5.1.1
21	1.4.4.4.2.5.4
22	5.3.4.2.7.1
23	1.7.4.7.1
24	2.2.3.5.2
25	2.7.3.1.5
26	2.6.1.1.4
27	3.6.2.1.1
28	2.6.2.2.1.3
29	1.1.1.2.3.4
30	5.2.9

Row clues (rows 1–40):

Row	Clue
1	2.1.2.1.2
2	1.1.2.1.1
3	4.4
4	2.2.2
5	3.2.3
6	12
7	5.12
8	2.2.10.2
9	2.2.12.2
10	2.1.2.2.2.2
11	2.1.2.1.2.2
12	5.4.2.2.1.1.5
13	1.1.4.2.1.1.1
14	3.1.5.5.1.3
15	1.1.1.6.2.6.1.1.1
16	3.1.2.1.1.2.1.3
17	1.2.4.2.1
18	1.1.4.4.1.1
19	2.1.2.6.2.1.2
20	1.1.3.3.1.1
21	1.1.14.1.1
22	1.1.3.1.1.3.1.1
23	1.1.2.6.2.1.1
24	3.2.10.2.3
25	2.4.2.4.2.3.2
26	2.4.2.6.2.4.2
27	1.2.1.2.2.2.2.1.2.1
28	2.1.2.2.1.2
29	2.6.6.2
30	13.13
31	1.18.1
32	1.6.2.6.1
33	1.4.4.4.1
34	1.3.1.4.1.3.1
35	1.2.2.6.2.2.1
36	1.2.1.6.1.2.1
37	2.3.1.6.1.3.2
38	3.20.3
39	2.2.2.2
40	2.3.3.2

79. IQ

30x40

Column clues (left to right, top to bottom):

Column	Clue
1	2.3.1.1.1.1
2	1.5.7.2
3	1.4.2.5.2
4	6.5.7
5	1.3.6.10
6	2.2.6.5.4
7	5.22
8	4.2.2.22
9	2.4.3.3.7.7
10	2.5.2.4.6
11	3.3.2.2.4
12	4.2.1.2.2.1.1.3
13	4.3.2.1.1.1.3
14	5.2.1.4.5
15	6.2.2.5.7
16	4.4.1.6.9
17	3.3.2.1.7.10
18	3.2.2.2.20
19	3.5.1.22
20	3.1.3.11.3.1.1
21	3.4.10.6.1
22	3.2.3.2.4.7.4.1
23	6.7.4.4.5
24	6.1.5.4.4.4
25	4.2.7.4.4.3
26	1.3.6.2
27	2.2.7
28	5
29	7
30	7

Row clues (top to bottom):

Row	Clue
1	3.1.2
2	3.4.3
3	1.2.4.5
4	1.1.4.7
5	3.1.10.3
6	4.2.8.3
7	1.2.1.5.3
8	3.1.2.2.3
9	2.2.2.1.2.3.3
10	2.2.4.2.1.1.3
11	3.1.3.1.4.4.3
12	2.1.2.1.2.2.4.4
13	1.1.4.1.2.9
14	2.2.5.4.2
15	2.1.1.3.5.2
16	1.2.4.2.1.1
17	2.4.2.4.1
18	1.2.2.4.6
19	8.4.6
20	8.7
21	9.8
22	9.1.4.1
23	8.1.9.2
24	6.10.1
25	4.1.14
26	3.8.6
27	2.6.6
28	2.4.6
29	3.3.2.1
30	4.2.1.1
31	5.5.2
32	6.11
33	7.11
34	2.5.5.5
35	2.13.3
36	16.1
37	19
38	8.6
39	6.7
40	4

80. IQ
30x40

A nonogram puzzle grid (30 columns × 40 rows) with the following clues:

Column clues (left to right):
1. 3, 12
2. 2, 1, 8, 2
3. 3, 11, 3, 2
4. 2, 3, 9, 1, 10
5. 1, 2, 3, 1, 3, 2, 8
6. 5, 2, 2, 3, 3
7. 4, 2, 3, 2
8. 2, 10, 1, 2, 4, 2, 20
9. 12, 2, 4, 2, 3
10. 4, 5, 1, 2, 3, 2, 2
11. 2, 1, 3, 2, 1, 2, 4
12. 2, 1, 3, 2, 1, 3, 5
13. 2, 2, 1, 3, 4
14. 4, 10
15. 1, 2, 3, 5
16. 1, 4, 5, 7, 2, 2, 13, 8, 1
17. 2, 1, 5, 1, 3, 6, 1, 4, 2, 7
18. 4, 1, 1, 1, 2, 4, 5, 2, 4, 3
19. 2, 3, 5, 2, 1, 1, 2, 1, 2, 3, 2, 3
20. 3, 6, 2, 1, 2, 1, 2, 2, 2
21. 6, 3, 1, 6, 2, 1, 3, 4, 2, 2
22. 3, 4, 1, 3, 4, 2, 2
23. 3, 8, 5, 4, 4, 2, 3, 6
24. 5, 2, 1, 1, 2, 3, 4
25. 4, 3, 1, 2, 1, 1, 3, 3
26. 1, 3, 2, 1, 1, 3, 4
27. 11, 1, 1, 3, 3
28. 1, 6, 2, 1, 1, 3, 3
29. 1, 7, 8, 3, 2
30. 7, 8, 2

Row clues (top to bottom):
1. 2.4.4
2. 2.6.6
3. 1.1.3.1.4.2
4. 1.1.2.1.2.3.2
5. 2.6.1.1.2.3.1.1
6. 1.7.2.2.2.1.2
7. 3.8.3.1.5.1.1
8. 8.2.4.6.2.1
9. 5.3.10.3
10. 5.4.1.3.3
11. 4.5.2.2.3
12. 9.3.2.3
13. 4.2.2.6
14. 5.2.3.8
15. 6.3.3.6
16. 7.2.4.1
17. 1.3.4.2.1
18. 1.2.1.6
19. 1.2.2.2.2.2
20. 1.2.3.2.4
21. 3.3.4.1.1.3
22. 3.3.2.2.2.2
23. 2.1.3.5.2.3.1
24. 1.1.8.3.2
25. 1.1.6.4.2.1
26. 1.1.6.7.3
27. 1.1.6.1.5.4.1
28. 3.5.7.9
29. 6.5.2.8
30. 4.4.2.6
31. 3.1.5.2
32. 1.3.2.2
33. 1.1.3.2.2
34. 1.1.4.2.2.2
35. 1.1.3.2.5
36. 1.1.3.7
37. 1.1.2.5
38. 4.3.3
39. 6.4.1
40. 2.3.3.1

81. BRAIN
30x40

Nonogram puzzle with column and row clues.

Row clues (top to bottom):
- 20
- 1.1.1.1.1.1.1
- 3.1.1.1.1.1.3
- 1.18
- 1.2.5.1.1.4.1
- 1.1.2.4.1.2.6.1
- 1.2.7.1.1.8.2
- 2.2.5.1.1.8.2
- 2.2.5.1.1.3.2.3
- 2.7.1.1.2.2.3
- 2.5.1.1.1.2.2
- 5.2.1.1.2.2.1
- 4.2.1.1.2.2.2
- 3.1.1.1.3.1.4
- 3.1.1.2.1.3.6
- 3.2.1.1.1.2.1.3.2
- 3.3.1.1.1.1.1.2
- 3.2.1.1.1.1.2.1.1.1
- 2.2.1.1.1.1.2.1.4
- 5.1.1.2.1.1.1
- 1.2.1.1.2.2.1.4
- 1.3.1.1.2.2.1.2
- 1.4.1.1.1.2.2.1
- 2.2.1.1.2.6.2
- 3.3.1.1.6.4
- 4.2.1.1.3.2
- 5.2.1.1.1.1.2
- 6.1.1.1.1.1.3
- 4.2.3.1.1.1.4
- 4.1.3.1.1.1.3.3
- 4.2.5.1.1.3.3
- 1.2.1.7.1.3.1.1
- 1.4.2.6.4.2.1
- 1.2.2.2.6.2.1
- 1.1.1.2.2.2.2.2
- 1.1.2.2.1.1.2.2
- 1.1.3.3.1.3.2
- 1.1.1.2.2.4.2
- 1.1.1.3.1.3.2
- 1.1.1.1.12.2

Column clues (left to right):
- 3.2.23
- 3.2.3.4.8
- 2.3.2.3.2.16
- 2.3.3.1.3.9
- 2.2.4.2.1.2.6
- 2.2.4.3.2.2.2.4
- 2.1.3.2.2.3.2.2
- 2.1.7.2.2.2.2.2
- 1.1.3.19.2.2.1
- 1.8.3.2.2.1
- 29.4.1
- 2.1.11.5.2
- 1.5.4.19.1
- 1.2.3.3.1
- 1.5.11.1
- 2.7.1.1.3.10.1
- 1.1.7.1.1.6.1.2.2
- 4.2.1.4.2.1.2.23
- 1.1.4.1.2.3.1
- 2.6.1.7.2.3.1
- 2.7.1.6.2.5.3.2
- 1.2.2.2.1.2.1
- 1.6.2.5.3.1.4.3
- 2.2.3.3.1.1.3.1
- 1.5.1.3.1.1.2
- 1.1.4.3.1.1.2.2
- 1.2.2.3.1.2.6.2
- 2.3.2.2.5.1.4.2
- 2.4.2.1.2.2
- 1.4.2.1.3.2.2.5
- 4.3.5

82. BRAIN
30x40

Column clues (left to right):

1. 7, 11
2. 11, 3, 4
3. 13, 2, 6, 3
4. 6, 4, 2, 3, 4, 1
5. 6, 4, 2, 2, 1
6. 6, 3, 6, 4, 2
7. 6, 3, 6, 1, 2
8. 6, 2, 3, 2, 6, 3
9. 6, 3, 1, 3, 1, 5
10. 6, 2, 2, 2, 1, 1, 6
11. 7, 2, 2, 1, 3, 7
12. 7, 2, 2, 1, 3, 1, 9
13. 7, 2, 3, 1, 2, 6
14. 7, 1, 3, 3, 1, 1, 2, 2, 6
15. 7, 4, 1, 1, 2, 2, 2, 6
16. 8, 5, 1, 2, 2, 2, 3, 2
17. 8, 3, 2, 2, 1, 2, 3, 4
18. 7, 2, 1, 2, 5, 6
19. 6, 5, 5, 2, 8
20. 7, 1, 2, 2, 10
21. 6, 2, 6, 1, 1, 1, 6
22. 6, 2, 5, 4, 1, 5
23. 7, 2, 4, 1, 3
24. 7, 11, 7
25. 7, 2, 10, 2, 5
26. 9, 2, 2, 4
27. 12, 3, 13, 2
28. 7, 3, 2
29. 5, 3, 2

Row clues (top to bottom):

1. 7
2. 10
3. 14
4. 16
5. 19
6. 21
7. 23
8. 7.11
9. 6.8
10. 6.1.7
11. 5.1.1.1.2.7
12. 4.2.1.2.6
13. 3.3.3.1.2.5
14. 3.3.1.3.2.2.4
15. 3.2.2.8.1.4
16. 3.2.2.3.2.2.1.3
17. 3.1.4.1.1.1.1
18. 3.1.2.1.1.1
19. 6.2.1.1.1
20. 3.1.2.1.2.1.2
21. 1.1.1.1.1.1
22. 2.1.1.1.1.2
23. 2.1.6.1.1.2.1
24. 2.2.1.1.1.2.3
25. 1.1.2.5.2.2.1
26. 2.2.3.3.3.2.1.1
27. 1.1.2.2.4.4.1.1
28. 1.2.4.6.1.3.1.1
29. 1.1.1.5.2.1.3.1.1
30. 1.1.1.3.2.1.1.1.1
31. 1.1.1.1.1.1.1.1.1.1
32. 1.1.2.2.2.3.2.2.1.1.1
33. 1.2.1.2.1.1.2.2.3.1.1
34. 1.1.1.2.1.2.2.1
35. 2.1.1.8.4.1.1
36. 2.1.8.5.1.2
37. 1.1.9.7.1.1
38. 2.1.10.7.3
39. 1.19.4
40. 4.15.2

83. BRAIN

30x40

Column clues (left to right, top to bottom):

Column	Clue
1	6 4
2	2 11
3	1 10
4	5 4 10
5	17 9
6	11 4 2 9
7	12 12
8	13 1 5 5
9	12 3 3 1 5
10	9 3 1 5 1 2 3
11	2 1 5 4 1 5 2 3
12	1 2 5 4 3 2 2 3
13	4 7 3 1 1 1 1 5
14	3 9 2 1 2 1 6
15	2 10 3 2 1 6
16	2 10 3 2 1 6
17	3 9 2 1 2 1 6
18	4 7 3 1 1 1 1 5
19	1 2 5 4 3 2 2 3
20	2 1 5 4 1 5 2 3
21	9 3 1 5 1 2 3
22	12 3 3 1 5
23	13 1 5 5
24	12 12
25	11 4 2 9
26	17 9
27	5 4 10
28	1 10
29	2 11
30	6 4

Row clues (top to bottom):

Row	Clue
1	2.2
2	10
3	2.6.2
4	3.2.2.3
5	5.4.5
6	4.6.4
7	18
8	20
9	20
10	22
11	22
12	6.6.6
13	8.4.8
14	9.2.9
15	10.10
16	7.10.7
17	2.3.8.3.2
18	1.3.2.3.1
19	1.2.2.1
20	1.2.3.3.2.1
21	1.3.1.1.1.1.3.1
22	2.2.2.1.1.2.2.2
23	5.12.5
24	6.3.2.3.6
25	5.2.2.5
26	6.3.2.2.3.6
27	4.4.2.1.1.2.4.4
28	4.3.2.2.3.4
29	7.1.1.7
30	8.8
31	7.7
32	6.8.6
33	3.3.3.3
34	7.7
35	5.4.5
36	6.6.6
37	20
38	18
39	10
40	6

84. BRAIN

30x40

Column clues (left to right, top to bottom):

Column	Clue
1	2.5
2	2.4.12
3	3.4.16
4	3.4.19
5	4.4.6.3
6	9.5.12
7	2.11.16
8	1.5.5.19
9	1.4.16.4
10	5.3.17.3
11	4.2.2.2.10
12	4.1.3.12
13	5.3.4.1.13
14	5.4.2.2.4.3
15	5.1.2.2
16	5.4.2.2.4.3
17	5.3.4.1.13
18	4.1.3.12
19	4.2.2.2.10
20	5.3.17.3
21	1.4.16.4
22	1.5.5.19
23	2.11.16
24	9.5.12
25	4.4.6.3
26	3.4.19
27	3.4.16
28	3.5.12
29	2.5
30	2.8

Row clues (top to bottom):

Row	Clue
1	8.8
2	4.4.4.4
3	4.7.7.4
4	13.13
5	3.5.5.5.3
6	1.5.9.5.3
7	5.2.3.2.5.1
8	6.2.1.2.6
9	10.1.10
10	4.3.3.5
11	3.4.2.2.4.4
12	1.5.3.3.5.3
13	1.6.2.2.6.2
14	5.1.2.2.1.5.1
15	4.3.1.1.3.4.1
16	4.4.1.1.4.4.1
17	9.2.2.9.1
18	3.6.1.1.6.3
19	3.6.1.1.6.3
20	3.5.5.5.3
21	3.5.1.1.5.3
22	3.5.1.5.3
23	3.5.3.5.3
24	3.3.2.2.2.2.3.3
25	3.3.3.3.3.3
26	3.3.3.3.3.3
27	3.3.4.4.3.3
28	2.3.11.3.2
29	2.2.11.2.2
30	1.2.5.5.2.1
31	2.2.5.5.2.2
32	1.1.3.3.1.1
33	1.2.3.3.2.1
34	1.2.2.1
35	1.2.2.1
36	2.2.2.2
37	1.1.1.1
38	1.2.2.1
39	2.2
40	1.1

85. BRAIN
30x40

Column clues (left to right):
1. 2,7,5,2
2. 3,4,1,4,9
3. 3,2,1,8,8,1
4. 3,1,2,5,6,3
5. 8,5,5,2
6. 4,6,4,2
7. 5,8,5,2
8. 4,8,7,2
9. 6,13,3
10. 2,2,13,4,5
11. 2,3,2,13,1,1,2
12. 2,3,2,12,1,1,2,1,1
13. 1,2,2,15,1,1,1,3,1
14. 2,3,2,15,1,1,1,3,2,1
15. 2,2,1,16,1,1,1,2,2,1
16. 1,2,1,13,1,1,1,1,2,1
17. 2,1,1,11,1,1,2,1,1
18. 2,3,6,12,1,1,2
19. 3,4,1,13,4,2
20. 3,1,1,1,14,5
21. 3,1,1,17,5
22. 3,2,1,1,8,6,2,3
23. 2,1,6,7,5,2
24. 1,2,3,5,6,3
25. 3,4,5,5,1,2
26. 2,3,5,6,2,2
27. 3,4,3,3,1
28. 3,1,3,5,10
29. 2,1,3,4,3,10
30. 2,1,5,2,6

Row clues (top to bottom):
1. 7.2.2.4
2. 8.2.2.2.2.2.1
3. 9.4.1.1.2.2
4. 5.2.3.3.2
5. 3.3.4.5.1
6. 2.1.1.1.12.3
7. 1.1.1.2.10
8. 1.2.2.2.8
9. 3.2.2.3.6
10. 2.2.2.1.3
11. 2.1.1.1.1
12. 3.1.2.2
13. 3.3.2.1
14. 1.1.3.4.3.1
15. 1.1.4.16.2
16. 1.26
17. 29
18. 30
19. 23.6
20. 3.17
21. 16
22. 13
23. 13
24. 13
25. 15
26. 6.1.1.6
27. 6.1.1.1.6
28. 7.1.1.1.1.7
29. 6.7
30. 7.3.3.8
31. 4.1.1.2.1.1.6
32. 6.1.1.1.7
33. 4.3.10.3.4
34. 3.4.2.4.3
35. 3.2.2.2.4
36. 4.1.11
37. 1.2.1.4.4.5
38. 5.2.6.2.2.4
39. 1.2.2.2.3
40. 8.2.2

86. INSANE

20x30 (landscape)

Column clues (left to right):
1. 10
2. 2.2.7
3. 7.2.1.1.1.2
4. 1.8.1.1.1
5. 1.2.2.1.1.1.2
6. 2.1.3.2.1.1.1
7. 5.2.1.1.2.1.1.2
8. 3.1.1.2.2.1.1
9. 3.1.2.3.1.2
10. 3.3.2.2
11. 2.5.6
12. 6.1.4.1
13. 4.3.3.4.1
14. 3.3.4.1
15. 7.4.1
16. 6.3.1
17. 7.2.3.1
18. 1.1.1.3.2.1.1
19. 9.2.3.2.4
20. 2.1.1.1.2.2.4.5

Row clues (top to bottom):
1. 4
2. 6.1
3. 3.3.2
4. 3.4.3
5. 3.2.1.3.2
6. 2.3.2.3.1
7. 4.1.8
8. 1.1.2.7.1
9. 1.1.1.1.2.7
10. 1.1.1.1.4.3.1
11. 1.3.2.4.2
12. 1.1.1.1.4.1
13. 1.1.2.4
14. 1.3.4
15. 1.2.3.2
16. 2.1.3.2
17. 3.2
18. 2.1
19. 2
20. 2
21. 7.3
22. 1.1.1.2.2.1
23. 2.1.1.2.1.2
24. 1.1.1.1.2.3
25. 2.1.1.1.1
26. 1.1.1.1.2.1
27. 2.1.1.1.1.2
28. 2.1.1.2.2
29. 17
30. 2

87. INSANE
20x30 (landscape)

Column clues (left to right, 20 columns):
1. 6, 3
2. 8, 3, 2
3. 3, 4, 2, 1, 1, 2
4. 2, 5, 2, 2, 4, 2
5. 2, 10, 1, 4, 2
6. 1, 2, 7, 2, 2, 2, 1
7. 3, 4, 4, 1, 2, 1
8. 3, 3, 2, 3, 1, 2, 3
9. 3, 2, 3, 2, 9, 4
10. 3, 2, 1, 2, 4, 1, 1
11. 1, 2, 1, 1, 1, 2, 3, 2
12. 1, 2, 1, 1, 3, 1, 3
13. 2, 5, 1, 2, 1, 2, 2
14. 2, 2, 2, 1, 1, 2, 2
15. 4, 2, 2, 2, 3, 2
16. 2, 2
17. 8
18. 2, 2
19. 4, 4
20. 1, 2, 1, 2

Row clues (top to bottom, 30 rows):
1. 9
2. 2, 4, 2
3. 2, 7, 2
4. 1, 2, 3, 1
5. 2, 1, 4, 1, 1
6. 2, 2, 9
7. 2, 5, 2
8. 2, 4, 5
9. 2, 3, 2
10. 2, 3, 2
11. 3, 3, 2
12. 2, 4, 3
13. 1, 5, 3
14. 2, 6, 2
15. 3, 3, 2
16. 5, 2, 2, 1
17. 2, 1, 1, 3
18. 1, 1, 1, 4
19. 1, 1, 1, 1, 2
20. 3, 2, 1, 1, 1
21. 1, 1, 5, 1, 2, 1
22. 1, 4, 1, 2, 3
23. 5, 4, 2, 2
24. 2, 1, 1, 2, 1
25. 1, 2, 1, 1, 2, 2
26. 2, 2, 3, 1
27. 4, 2, 3
28. 2, 6
29. 2
30. 1

88. INSANE
30x40

Column clues (left to right):
1. 9,4
2. 4,3,2
3. 19,2
4. 2,2,3,4,2
5. 2,10,2,2
6. 2,3,1,2
7. 6,2,1,2
8. 5,4,2,1
9. 4,3,9,4
10. 4,2,3,9
11. 3,2,2,3,3
12. 2,2,1,3,5
13. 2,2,2,2,2
14. 1,2,2,1,2,2
15. 5,2,2,1,2,3
16. 7,2,1,3,3
17. 3,4,3,1,2,1,1
18. 3,4,2,2,1,1,1
19. 2,2,3,1,3,1,1
20. 2,2,4,3,2,1,1
21. 2,1,3,1,2,1,1
22. 2,2,2,4,2,1,3
23. 2,1,2,8,2,2
24. 2,2,1,2,3,2,4
25. 2,1,1,2,3,3
26. 3,2,3,3,4,3,2
27. 4,4,3,3,3,6,2
28. 6,3,2,2,2,2
29. 4,3,2,2,2
30. 5,11

Row clues (top to bottom):
1. 5.11
2. 6.13
3. 6.3.4
4. 2.3.3.3
5. 2.3.2.2.2.2
6. 2.3.2.2.2.2.2
7. 6.2.2.2.2.2
8. 5.6.2.2.2
9. 3.1.2.14
10. 1.1.1.2.2.9.3
11. 1.1.1.2.2.2.2.2.3
12. 1.1.1.1.2.2.1.3.2
13. 1.1.1.2.2.1.1.1.3.1
14. 5.4.2.2.2.2.1
15. 5.2.2.2.2.2
16. 3.2.6
17. 1.2.4
18. 1.1.10.2
19. 1.2.2.2.2
20. 1.2.1.2.2.2.1
21. 1.2.1.2.2.1.1
22. 2.2.1.1.1.1.1
23. 3.1.2.2.1
24. 2.1.2.11.2
25. 1.2.3.2.2.1
26. 1.4.2.7.3
27. 2.1.2.2
28. 2.3.2.2
29. 2.3.4.3.1
30. 4.5.4.1
31. 2.17.1
32. 1.18.1
33. 1.19.1
34. 1.20.1
35. 1.19.1.1
36. 1.19.3
37. 1.19.2
38. 1.20.2
39. 1.19.1
40. 2.19

89. INSANE
30x40

Column clues (left to right, 30 columns):
1. 2,2
2. 4,2,2
3. 6,2,2,2
4. 8,3,2,2,1
5. 7,3,2,1,2
6. 6,3,2,1,2
7. 9,2,2,1,2,4
8. 2,2,1,2,2,6
9. 5,2,2,5,8
10. 2,2,2,1,3,3
11. 2,4,2,2,1,3,2
12. 3,5,2,1,2,2,2
13. 2,7,1,2,4,1
14. 3,4,1,2,2,1
15. 3,4,2,2,2,1
16. 2,4,2,1,2,2,1
17. 3,5,2,1,3,5,2
18. 3,2,2,3,4,3
19. 2,2,2,2,8,7
20. 2,2,2,5,5
21. 2,2,2,1,3
22. 4,3,6,2,1,2
23. 3,3,1,1,2
24. 6,8,1,1,2
25. 1,2,2,2,2
26. 5,2,2,2,3
27. 5,2,2,2,3
28. 8,2,2,2
29. 6,3
30. 3

Row clues (top to bottom, 40 rows):
1. 1.1.1.1
2. 2.1.1.2
3. 3.2.2.3
4. 4.3.2.3
5. 4.3.3.4
6. 8.3.3
7. 6.6
8. 4.1.1.4
9. 3.2.2.3
10. 3.1.1.2
11. 2.6.3
12. 3.4.3
13. 1.3.7.4.1
14. 2.5.7.2
15. 3.6.3.2
16. 1.6.8.5.1
17. 2.6.6.5.2
18. 2.2.2.2.2
19. 1.7.2.2.6.1
20. 2.7.6.6.2
21. 1.2.2.2.2.1
22. 2.7.8.6.1
23. 2.2.4.2.3
24. 10.10
25. 7.8.7
26. 2.4.2
27. 2.2
28. 8
29. 5
30. 1.2
31. 1.3.1
32. 2.5
33. 3.4
34. 3.4
35. 3.4
36. 3.4
37. 3.4
38. 4.5
39. 5.5
40. 12

90. INSANE

45x70 (landscape)

Picross Griddlers Nonograms Hanjie book by DJAPE

Picross Griddlers Nonograms Hanjie book by DJAPE - page 97 -

1. Stork   2. Crown   3. Music note 4. Snail   5. Bowling

6. Snowflake   7. Tractor   8. Squirrel   9. Dice   10. Swan

11. Panda   12. Pig   13. Crab   14. Ladybug

15. Convertible car   16. Key   17. Croissant   18. Boxing glove

19. Sneakers    20. Pizza slice    21. Diamond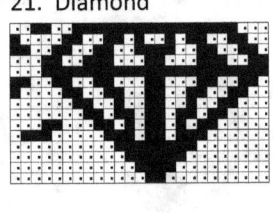

22. Old Bicycle    23. Film tape 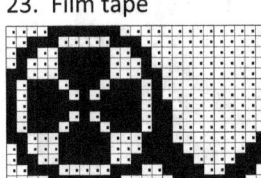   24. Birthday cake

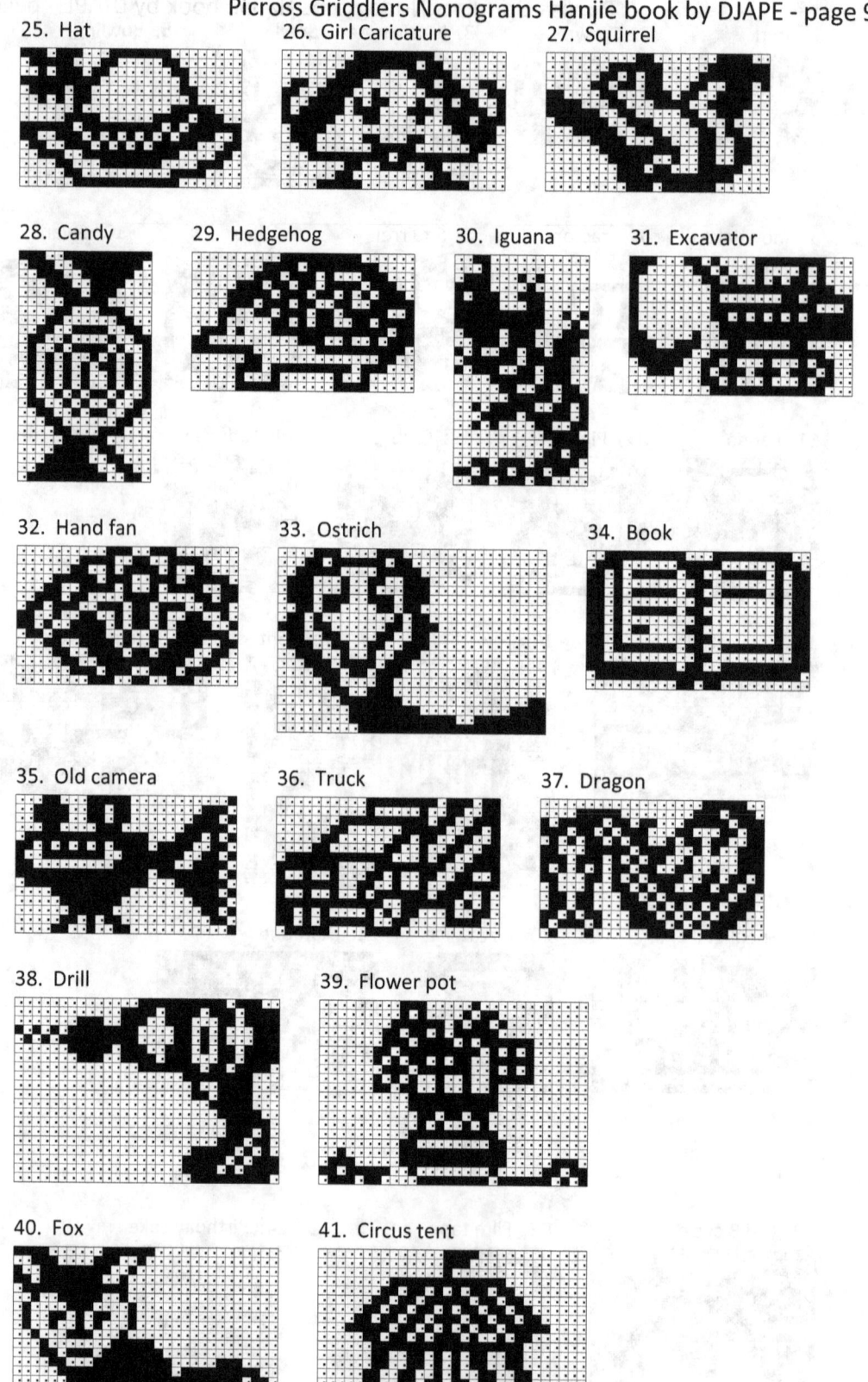

Picross Griddlers Nonograms Hanjie book by DJAPE - page 99 -

42. Parrot

43. Truck

44. Baby Unicorn
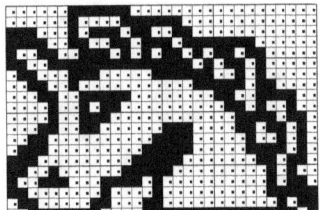

45. Girl playing volleyball

46. Trendy boy
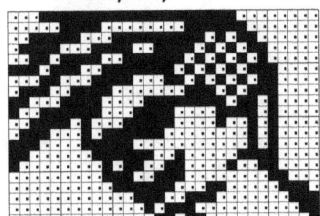

47. Octopus

48. Flower
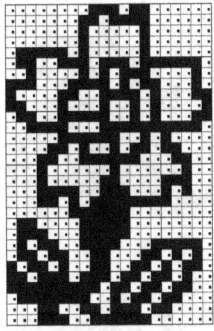

49. Turtle
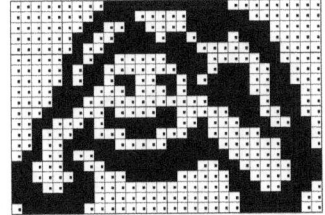

50. Crocodile

51. Ambulance car

52. Snake with wings

53. Ram head

54. Jeep

55. Bowling

56. Seashell

57. Tram
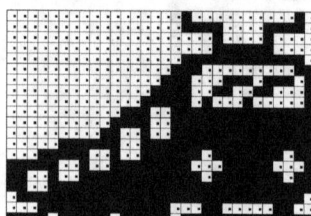

58. Drums

59. Butterfly
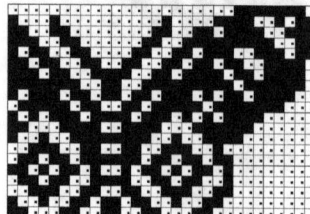

60. Car
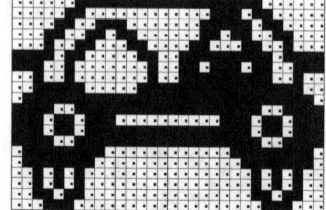

61. Pharaoh

62. Scuba diver
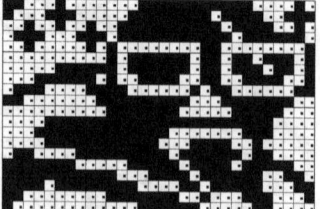

Picross Griddlers Nonograms Hanjie book by DJAPE - page 101 -

63. Pelican

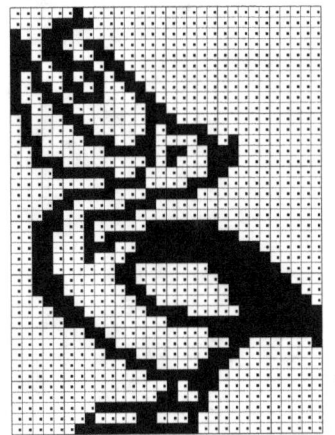

64. Lighthouse

65. Skateboarding

66. Funny dog

67. Samurai warrior

68. Pirate

Picross Griddlers Nonograms Hanjie book by DJAPE - page 102 -

69. Scary face

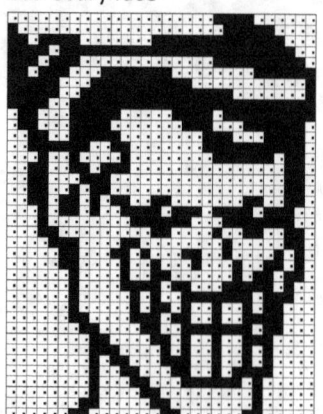

70. Basketball

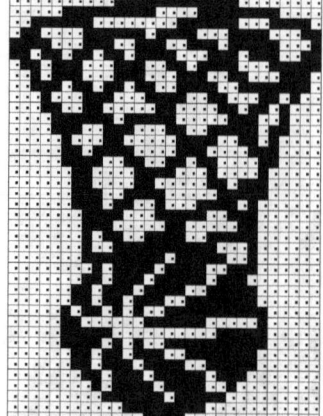

71. Dancer

72. Gorilla

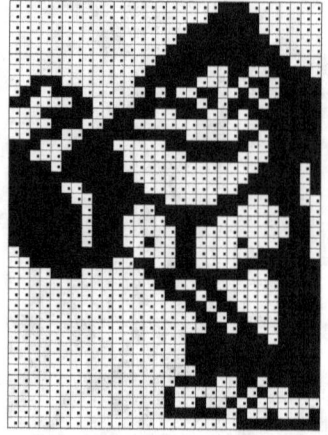

73. Witch

74. Funny fox

Picross Griddlers Nonograms Hanjie book by DJAPE - page 103 -

75. Mouse and cheese

76. Baby iguana

77. King

78. Queen

79. Lemur
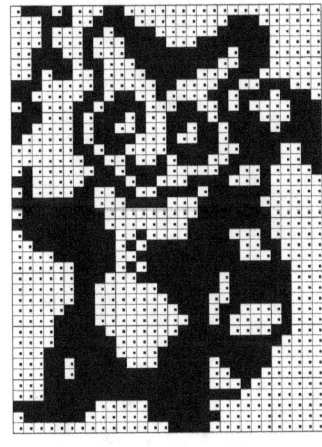

80. Jive dancing
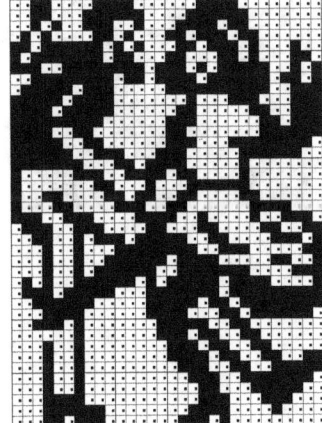

81. Cleopatra
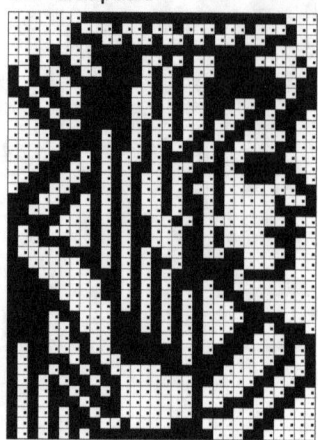

82. Girl

83. Gorilla head

84. Lion

85. Monkey

86. Golfplayer

Picross Griddlers Nonograms Hanjie book by DJAPE - page 105 -

87. Rooster

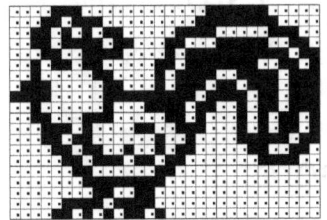

88. Piglet Chef

89. Scorpion

90. Dog in the bath

Amazon and Djape have created a **brand** store of all

Books by Djape.

To have a look, simply go here:

amazon.com/djape

And now... here is a gift for you!

I've prepared a **FREE PDF e-book**

full of Picross puzzles! Go get it at:

djape.net/freepicross

Other books from this series, same format, all new

Picross puzzles:

Nonograms Griddlers Picross Hanjie Book

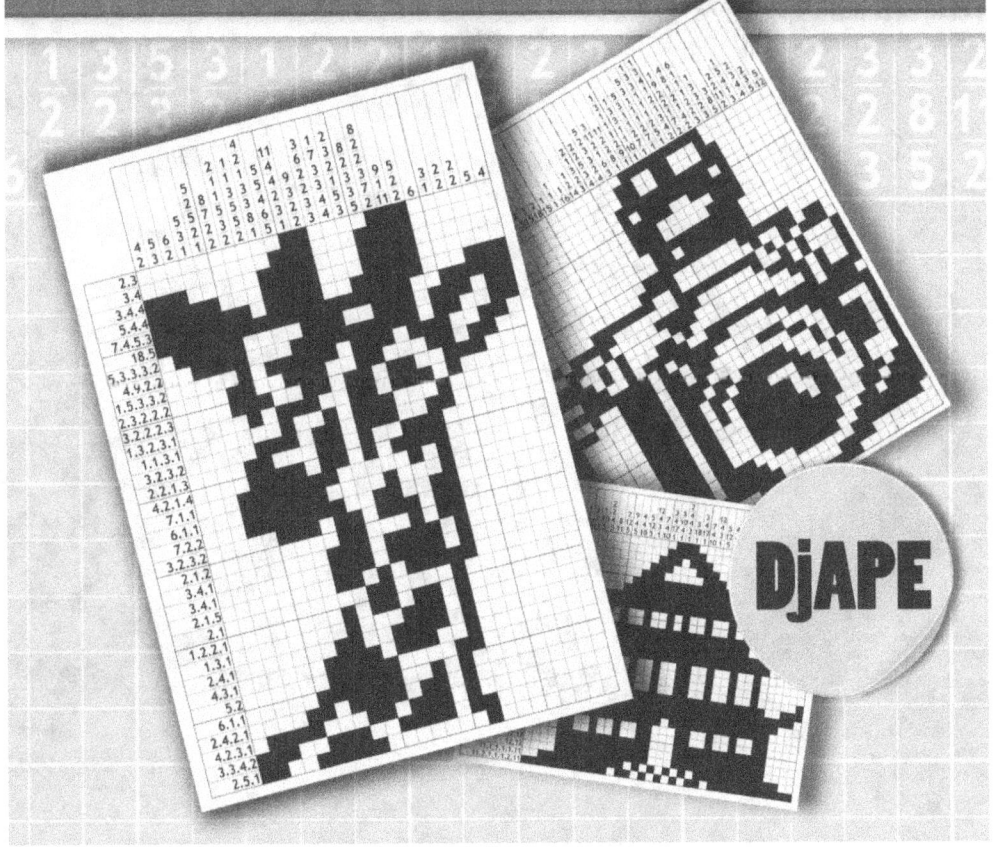

And another one...

Picross Hanjie Griddlers Nonograms Book

www.ingramcontent.com/pod-product-compliance
Lightning Source LLC
Chambersburg PA
CBHW080503220526
45465CB00006B/2359